U0192451

SAP分析云实战指南

智扬信达大数据工作室 著◎

电子工业出版社

Publishing House of Electronics Industry

北京·BEIJING

内 容 简 介

SAP Analytics Cloud（SAP 分析云）是 SAP 公司推出的一款云端分析平台。作为 SAP 新一代的战略绩效云平台，它不仅包含了传统的 BI 分析，还利用了机器学习和人工智能技术，整合了"商务分析"、"智能预测"、"全面预算"几个核心功能，是一个集数据应用与分析于一体的综合性平台，既能支持业务用户进行敏捷自助化的数据分析，也能支持技术用户进行复杂的分析场景设计，可以帮助企业更好地分析和理解数据，改善决策过程。本书在深入总结智扬信达大数据工作室十多年 BI 实战经验的基础上，结合 SAP Analytics Cloud 产品的特点及优势，基于企业数字化转型过程中通常涉及的应用场景（如经营分析、企业预算及模拟预测等）的特点及难点，详细介绍了如何使用 SAP Analytics Cloud 的功能进行设计，并为该过程中常见的疑难问题提供了解决方案。

未经许可，不得以任何方式复制或抄袭本书之部分或全部内容。

版权所有，侵权必究。

图书在版编目（CIP）数据

SAP 分析云实战指南 / 智扬信达大数据工作室著. —北京：电子工业出版社，2024.4

ISBN 978-7-121-47694-5

Ⅰ．①S… Ⅱ．①智… Ⅲ．①云计算—指南 Ⅳ.①TP393.027-62

中国国家版本馆 CIP 数据核字（2024）第 076104 号

责任编辑：刘志红（lzhmails@phei.com.cn）　　　　特约编辑：王雪芹
印　　刷：三河市良远印务有限公司
装　　订：三河市良远印务有限公司
出版发行：电子工业出版社
　　　　　北京市海淀区万寿路 173 信箱　邮编　100036
开　　本：787×980　1/16　印张：21　字数：460 千字
版　　次：2024 年 4 月第 1 版
印　　次：2024 年 4 月第 1 次印刷
定　　价：138.00 元

凡所购买电子工业出版社图书有缺损问题，请向购买书店调换。若书店售缺，请与本社发行部联系，联系及邮购电话：（010）88254888，88258888。
质量投诉请发邮件至 zlts@phei.com.cn，盗版侵权举报请发邮件至 dbqq@phei.com.cn。
本书咨询联系方式：（010）88254479，lzhmails@phei.com.cn。

作者简介

　　智扬信达大数据工作室是由技术研究院、业务研究院、数据治理小组和专家实施团队中的核心成员共同组成的平行组织，主要负责创新、优化、沉淀、传播商务智能和大数据方案。作为 SAP 大中华区规模大、案例多和专注度高的 BI 与大数据领域的服务合作伙伴，智扬信达大数据工作室致力于将技术、数据管理、业务、最佳实践相融合，为我国企业提供卓越的数据价值挖掘工具和务实的数智化转型指南。智扬信达大数据工作室技术、业务、数据资产管理"三部曲"系列的第一部《SAP BW/4HANA 实战指南》已出版。

编委会成员

陈　凌：深圳智扬信达信息技术有限公司联合创始人，深圳智扬信达信息技术有限公司大数据工作室负责人，智扬云智慧企业套件总设计师。主导设计、提供咨询、参与实施90+国内头部客户核心 BI 与大数据项目。

潘阳威：深圳智扬信达信息技术有限公司联合创始人，深圳智扬信达信息技术有限公司技术研究院院长，智扬数据资产管理平台总设计师。主导和参与超过 100 家大型企业数据仓库和大数据架构的设计与评审。

祁　翱：深圳智扬信达信息技术有限公司资深技术专家，深圳智扬信达信息技术有限公司技术研究院副院长，云分析事业部经理，数据治理研究组负责人。主导、参与多个大型数字化项目的规划和构建。

曾智宁：资深 BI 专家，制造行业高级 BI 业务咨询顾问，战略管理、经营分析、供应链、订单流等 BI 产品设计师。主导众多行业头部集团 BI 项目业务体系设计及技术架构落地。

周　桐：资深 BI 专家，制造行业及保险行业高级 BI 业务咨询顾问，高端制造业战情指挥中心、经营计划模拟预测等 BI 产品设计师，BI 项目高级项目经理、架构师。

主导咨询、设计并参与实施20+国内头部客户核心 BI 与大数据项目。

魏　巍：资深 BI 专家，BI 实施项目经理。主导 BI 业务咨询设计、BI 系统规划落地、大数据架构设计等多行业项目实施。参与国内多个大型企业数字化建设，为项目提供有效解决方案。

祝世楠：资深 BI 专家，SAP Analytics Cloud 认证专家，深入研究 SAP Analytics Cloud 在数字化转型中的应用策略，应用 SAP Analytics Cloud 主导设计并落地实施了多个大型数字化项目。

马诗雨：高级 BI 顾问，SAP Analytics Cloud 认证专家，专注于数仓和报表一体化领域的研究，领导团队在制造业、销售业等多领域实施预测模拟项目。

高子琛：高级 BI 顾问，SAP Analytics Cloud 认证专家，BI 实施项目技术负责人。主导团队在零售业、制造业等多个领域实施 SAP Analytics Cloud Planning 项目。

梁润泽：高级 BI 顾问，SAP Analytics Cloud 认证专家，深入研究 SAP Analytics Cloud 的 Analytical Applications 功能，参与多个 Analytical Applications 项目实施。

本书的写作与许多同事的辛勤付出密切相关，在此特别感谢聂朋朋、张炎、赖雯妮、李政、李万成、吴海洋、郝伟伟、卢俊东、刘汪、符兰竹、郑金鹏、王志鹏、祝世楠、练书祥、陈俊键。

序

SAP 中国始终致力于创新和优化，帮助我们的客户在这个日新月异、数据驱动的时代更好地运营。SAP Analytics Cloud 就是我们这种创新精神的产物，它以 SAP BTP 为基础，集成了分析、计划和预测等功能，帮助企业洞察现在、预测未来，从而做出更好的决策。

每一个企业都有自己的故事，企业故事可以是波澜壮阔的，一如奔腾不息的长江，让人心生敬畏；也可以是跌宕起伏的，一如曲折蜿蜒的山路，九曲连环。

在我看来，最成功的企业是那些知道如何利用数据来驱动决策的企业。然而，仅拥有大量的数据是不够的，更重要的是如何分析和理解这些数据，如何将它们转化为有价值的洞察和行动指南。这就是 SAP Analytics Cloud 所做的事情，也是这本书的主要目标。

我希望这本书能够帮助您更好地理解 SAP Analytics Cloud 的功能、掌握它的使用技巧，并将其成功地应用于您的业务中。同时，我也期待看到更多的企业和个人通过使用 SAP Analytics Cloud 来实现自己的目标，从而推动整个社会的进步。

本书详细地讲解了如何使用 SAP Analytics Cloud 来挖掘数据的价值，并揭示了数据之于决策的重要性。书中的内容详尽而全面，不仅对 SAP Analytics Cloud 的功能进行了深入的解析，还给出了实用的操作指南和实践案例。无论您是新手，还是有使用 SAP Analytics Cloud 的经验者，都可以在这本书中找到有价值的内容。

最后，我要感谢智扬信达和这本书的所有作者和编辑，他们的专业知识和辛勤努力造就了本书，使这本书成为一个宝贵的资源。我也要感谢所有的读者，是您们的参与和反馈让我们的产品和服务不断完善。

祝愿您在阅读这本书的过程中有丰富的收获，也期待您在数据驱动决策和企业运营方面取得成功。

黄陈宏博士，SAP 全球执行副总裁、大中华区总裁

前　言

在当今商业竞争日益激烈的背景下，数据已经成为驱动企业精细化运营的关键因素，用好数据有利于提升企业的核心竞争力。

数据不仅是数字和图表，它还是洞察力、机会和成功的源泉。充分利用数据优化企业运营管理不仅是一个企业的核心竞争优势，更是必需品。然而纵观近几十年数据分析和商务智能在企业管理领域的发展和应用情况，数据分析好像并没有像业界期望的那样神奇，对企业产生的价值似乎也很有限。

要想真正实现现代化企业管理下的科学决策体系，走出传统商务智能项目"花瓶"和"报表生成器"的误区，企业的数据分析及其相关的商务智能系统就要做到全链路的业务支持，需要从管理的起点贯穿到终点。笔者认为，SAP Analytics Cloud 是一个能为企业管理者提供专业的数据分析功能、可以推动企业业务不断优化的强大工具。

首先，本书是一本从用户视角出发，帮助用户熟练使用 SAP Analytics Cloud 的实践指南。通过对 SAP Analytics Cloud 平台重要功能的详细介绍，本书能够带领读者踏上从了解数据分析基本概念到高级应用的旅程。本书的目标是为读者提供所需的知识和技能，释放 SAP Analytics Cloud 的全部潜力。

其次，笔者也希望将自身多年的行业实践经验分享给读者。在本书的最后，我们通过一个虚拟化的企业——小草电器，带领大家了解数据分析的应用实践。

技术不断演进，数据驱动决策将成为企业在未来获得成功的关键。欢迎大家与我们一起踏上挖掘数据价值、释放数据潜力的旅程。

著　者

2023 年 8 月

目　　录

企业数据分析的发展

第1章

《"十四五"数字经济发展规划》中提到："数字经济是继农业经济、工业经济之后的主要经济形态，是以数据资源为关键要素，以现代信息网络为主要载体，以信息通信技术融合应用、全要素数字化转型为重要推动力，促进公平与效率更加统一的新经济形态。

数字经济发展速度之快、辐射范围之广、影响程度之深前所未有，正推动生产方式、生活方式和治理方式深刻变革，成为重组全球要素资源、重塑全球经济结构、改变全球竞争格局的关键力量。"十四五"时期，我国数字经济转向深化应用、规范发展、普惠共享的新阶段。"

大数据、云计算技术蓬勃发展，数据成为数字经济发展的核心要素和重要驱动力。数据分析的价值凸显，帮助企业在业务发展和优化管理的道路上实现突破和创新。

1.1 从书信时代到云计算时代 ●●●●

改革开放之初，我国大力发展基础设施建设，深圳经济特区曾创造了三天一层楼的"深圳速度"。与建楼的"神速"相比，彼时深圳的通信设施却和经济发展的需求极度不匹配。作为我国改革开放的"排头兵"和重要窗口，深圳吸引了非常多的外商和来自全国各地的商务人士前来投资。出于开展业务和信息传递的需要，每天在邮电局等候打电话的人排起了几百米的长队。可见，当时落后的通信服务成为制约经济发展的重要因素。我国开启信息革命、彻底摆脱书信交流时代的需求迫在眉睫。

1.1.1　第一阶段：邮电通信时代 ●●●●

1979 年召开的第十七次全国邮电工作会议提出"邮电通信是社会生产力"，这标志着通信正式成为社会经济和人民生活服务的基础设施。

1982 年，第十二次全国代表大会在北京举行。在这次大会上，"加快通信发展"有史以来第一次被写进了报告。

1987 年，我国第一个移动电话基站在广州的一个小山头建设起来，打通了广州到上海的第一个实验电话。同年，在广州天河体育场举行的中华人民共和国第六届运动会的开幕式上，移动电话被接通，这个瞬间被称为"神州第一波"。

1993 年，北京全市"大哥大"用户约 3.2 万个，部分人获得了实时交换信息的能力。邮寄信件通常需要 10 天左右才能抵达收件人手中，往返一次就需要大半个月的时间。相较邮寄信件，移动电话缩短了人与人之间的通信距离，并且消除了由于信件丢失或收件人不在目的地而无法得到消息的风险。当时移动电话的受众较少，但是"大哥大"在市场上供不应求。昂贵的"大哥大"购机费用加上通信费用，使得移动通信对于大部分人来说都是一件奢侈的事情。

1.1.2　第二阶段：互联网时代 ●●●●

1994 年，我国成为国际互联网大家庭中的第 77 个成员，全功能接入国际互联网，开启了我国互联网时代。

1997 年到 2000 年间，我国互联网一片空白，大多普通家庭无力购买私人电脑，网吧因此遍布全国。如今，很多耳熟能详的企业家在这个时期创立了互联网大厂，这些互联网公司大多是做门户网站起家的，它们主要以搜索引擎和资讯服务为主。如何帮助用户快速、高效、准确地搜索信息，以及按主题归纳每日新闻资讯供用户阅读，是这个年代互联网公司的主要目标。

2001 年到 2008 年间，由于电信公司开始着力发展宽带业务，电话线连接外置 ADSL（Asymmetric Pigital Subscriber Line，非对称数字用户电路）猫（调制解调器），实现了有线电话和宽带上网互不影响的效果，网络传输速度从以往的"56 K"（理论极限）提升到了 1 Mbps 的上行速度和 8 Mbps 的下行速度。之后，ADSL 升级到了 ADSL2+，使得下行速度扩展到了 24 Mbps。

此外，国民收入稳步提升，越来越多的家庭开始购买个人电脑。网速的提升和个人电脑的普及，让互联网逐渐进入普通民众的生活。我国互联网也借此开始野蛮生长：博客的兴起让资讯门户进入个人门户阶段；线上购物平台的兴起在改变了人们购物习惯的同时，也对线下零售业造成了冲击；各种各样题材的网游进入了人们的视野，丰富了人们的娱乐休闲生活；外卖平台的出现开启了国内外卖市场，人们足不出户也能享受各种美味。论坛、博客、贴吧等社交平台上活跃着大量的年轻人，网络世界俨然成为人们的第二生活空间。这个阶段也是我国网民爆发式增长的阶段。

1.1.3 第三阶段：云计算时代 ●●●●

1983 年，美国互联网技术服务公司提出 "The Network is the Computer"（网络就是计算机）的论断，预言了分布式计算的未来。2006 年，谷歌首席执行官在搜索引擎大会上首次提出了 "云计算" 的概念。同年，亚马逊推出了名为 "弹性计算云" 的服务。

我国进入互联网时代较晚，且受限于网络基础设施，因此 2010 年以前可视为云计算发展的准备阶段。2011 年到 2013 年是云计算的稳步成长阶段。随着我国高度重视新一代信息产业发展，《关于促进云计算创新发展，培育信息产业新业态的意见》等政策相继出台。工业和信息化部制订了云计算 "十三五" 规划，科学技术部部署了国家重点研发计划 "云计算与大数据" 重点专项等，为云计算的发展提供顶层设计，使我国云计算产业短短数年就进入了高速发展阶段。

云计算在人们眼中逐渐从一个全新的业态转变为常规的业态，并且逐渐与传统的各行各业深度融合发展。通过更加高速的网络，用户的计算需求不需要在本地计算机上运算，而是可以把需求交给云平台。云平台把复杂的计算逻辑和海量的需求分解成非常多的小任务，分发给云端的众多服务器计算，最后汇总计算结果，将结果反馈给用户。通过这种方法，以前难以想象的功能，都能在一部小小的手机或者个人电脑上实现。

最近 10 年，相信大家都有一个共同的感受，就是手机越来越智能、应用种类越来越多、对生活的影响越来越大。很多以前只能在电脑上完成的工作、只能在有线电视上观看的节目，都可以在手机上完成、观看。这些手机功能背后其实不仅是硬件的升级，另一个重要技术支撑就是云计算。

云计算的计算、存储优势应用到移动设备上，突破了移动端设备由于体积小、位置不固定导致的资源限制，给用户带来了更优质的使用体验。并且，用户不必更换硬件设备，能通过应用升级获得更好的体验和服务。

1.2　传统数据分析的两大误区 ●●●●

数据作为科学决策的事实基础，受到各类企业的关注和重视。数据分析及其相关的软件系统（商务智能系统）成为企业数字化转型的核心要素。中国信息通信研究院发布了《数据资产管理实践白皮书》，将数据视为能转化为企业经济利益的重要资源之一，提倡企业要加强数据管理。

数据分析（商务智能）项目包括数据采集、整合、处理、分析等环节。采集、整合、处理等工作是基础，分析就是数据价值体现最关键的一环。但是，纵观近几十年数据分析和商务智能在企业管理领域的发展和应用现状，数据分析好像并没有业界吹嘘的那样神奇，对很多企业产生的价值似乎很有限。如果仔细复盘相关商务智能项目的成果产出，可以发现传统数据分析和相关商务智能项目有两大误区。

误区一："花瓶"。

这指的是把商务智能项目从本质上理解为一个"面子工程"，将最终产出美其名曰"大屏""管理驾驶舱"，实际上就是把老板已经知道的数据用绚丽的可视化效果包装一下，花里胡哨，华而不实，老板基本不看，企业基本不用，故名"花瓶"。

误区二："报表生成器"。

这指的是把商务智能理解为一个自动化报表工具，主要的功能是从数据仓库里实时生成各种明细报表，给企业里众多的员工解放工作量用，就是一个干脏活累活、自动生成报表、提高工作效率的工具，故名"报表生成器"。

这两个误区其实代表了两种经典的、错误的商务智能应用模式。只用商务智能项目做一个花瓶式的管理驾驶舱，没有任何意义。对于一个最终结果指标（大数）的好坏，管理层心里很清楚，根本不需要通过一个漂亮的大屏告诉他企业"病"得有多重。管理层真正关心的是"病因"是什么，到底怎么治疗这个"病"。

如果只用商务智能做一些明细的报表呢？对于做报表的员工来说，有减少工作量的意义，但是对于管理者来说，意义却很小。试想，在数字海洋中，管理者每天用"放大镜"从海量数据中去抓重点问题、找问题答案，是不是既困难又低效？因此，错误的认知只会导致错误的方法。这两大误区是我国很多企业在数据分析领域实施了多年的商务智能项目，但效果甚微的根本原因之一。

那么数据分析到底给企业管理带来了什么价值？应该如何应用呢？企业管理层需要了解现代企业管理的基本理念和决策过程，进而将数据分析的功能与其连接，从体、面、线、点的角度去系统化地思考和设计，而非仅构造一个碎片应用场景。只有这样，企业才能构建出一个真正行之有效的经营管理数字化决策体系。

1.3 数据分析与现代管理学的真正连接 ●●●●

现代企业管理的一个核心理论是 PDCA 循环，又称"戴明环"。该理论最早是由美国质量管理专家沃特·阿曼德·休哈特（Walter A.Shewhart）博士提出的，现在已经在企业管理的各个环节中得到了很好的应用。PDCA 循环指的是一种由各个步骤阶段在既定标准、流程下，采用螺旋的方式持续上升的一种有机系统。PDCA 是英文 Plan（计划）、Do（执行）、Check（检查）和 Action（行动）的第一个字母，其流程如下所述。

P：计划。包括方针和目标的确定，以及活动规划的制定。

D：执行。根据已知的信息，设计具体的方法、方案和计划；再根据方案和计划进行具体运作，实现计划中的内容。

C：检查。总结执行计划的结果，分清哪些对了，哪些错了，明确效果，找出问题。

A：行动。对检查的结果进行处理，对成功的经验加以肯定，并予以标准化；对失败的教训也要总结，引起重视。对于没有解决的问题，应使其进入下一个 PDCA 循环，以得到彻底解决。

上述各个流程的开展，可以保障每一个环节的质量、效率得以显著提升，最终通过量的积累实现质的飞跃，以此形成周而复始的不断优化。

数据分析作为一种专注于从数据中提升洞察能力的学科，一般可以划分为以下 4 种常见类型。

（1）描述性分析：即发生了什么，以及现在正在发生什么。描述性分析使用来自多源的历史数据和当前数据，通过识别趋势和模式来描述企业当前状态。

（2）诊断分析：即为什么会这样。诊断分析使用数据来发现导致过去表现结果的因素或原因。

（3）预测分析：即未来可能发生什么。预测分析将统计建模、预测和机器学习等技术应用于描述性和诊断分析的输出，以预测未来的结果。预测分析通常被认为是一种"高级分析"，并且经常依赖于机器学习和深度学习。

（4）规范性分析：即我们需要做什么。规范性分析是一种高级分析，是指通过特定算法来推荐可实现预期结果的特定解决方案，可以理解为分析之后的行动推荐。

不难发现，数据分析的这几种类型，与PDCA循环存在着极强的关联性。

PDCA的第一个节点P，在企业管理中指的是计划。计划是一切管理的起点，核心为目标管理。我们可以将其简单理解为"做什么""要达到什么样的目标"。如果目标不明确，那么事情成功的可能性也就为零了。计划帮助管理者制定目标及预期要达到的结果，有了目标才有执行和其他步骤。古人云，"凡事预则立，不预则废"，说的就是这个道理。

那么计划和数据分析是怎么关联起来呢？首先，我们需要思考第一个问题：如果我们要从企业的数据中分析出某个管理活动执行效果的好坏，以及是否应该改善，那么最基本的前提是先明确好与坏的评价标准，即何为好、何为坏。由此不难发现，数据分析的起点也是计划。因为只有计划才能定义出各种指标的标准。只有和标准相比较，才能知道企业活动结果的偏离度，才能明确企业活动是否需要改善及改善的方向是什么。计划也可以看作企业编制各种预算指标的过程。这些预算指标是企业管理效果的评价标准，也是我们进行数据分析的基本参照物。

第二个问题是：如何制定出一个好的计划呢？即计划的科学性如何保证？在这一方面，数据分析可以"大展身手"。预测分析就是对计划管理功能的有效支持。预测分析方法是根据事物的过去和现在预估未来，根据已知预测未知，从而减少对未来事物认识的不确定性，以指导我们快速做出决策，降低决策的盲目性。

通过各种预测算法，我们可以相对科学地得到一个初始版本的计划。仅通过预测还不足以得出完美的计划，很多计划的关联影响要素无法预测，且需要人工调整各类要素来组合出最佳结果。这时，数据分析的另一种具体应用形式——模拟假设可以发挥作用。

模拟假设又称"What-if分析"，是指通过各种参数的调整来实现数据的动态关联变化，进而根据不同结果来选择最优决策的分析场景。"预测分析+模拟假设"可以为企业制订一个相对科学和"完美"的计划提供数据支持，从而确定后续所有经营活动的标准。

PDCA 的 D 和 C，即执行和检查。执行指的是企业具体的业务活动，检查指的是业务活动之后的复盘。所谓经营结果复盘，就是一个经营周期结束了，我们对这个经营周期的核心的各项表现（如财务指标）进行回顾，了解这段时间利润是多少、销售收入是多少、资产的周转情况有没有得到改善、生产成本和管理费用如何变化、目前账户上有多少资金等。

但是传统的复盘只能告诉我们发生了什么，不能告诉我们为什么发生。因此，接下来我们还需要围绕业务洞察来进行问题探索，这主要是从业务的角度回答为什么经营结果复盘的数据是这样的。特别是表现异常的一些数据（即和计划相比有重大偏差的数据），管理者往往希望能针对其进行深入分析。

例如，销售目标完成数据有异常，管理者可能希望得到销售目标为什么无法达成的具体原因。能够支持结果复盘和业务洞察的，就是数据分析中的描述性分析和诊断分析。其中，描述性分析有助于找到问题，即和计划数据相比，偏差度大的关键指标。而诊断分析通过指标的多层钻取，帮助管理者找到原因，找到影响这个问题最关键的二级、三级指标（问题的核心原因），从而通过数据找到问题的解决方向。按照智扬信达的 BI（Business Intelligence，商务智能）设计方法论，我们将这两种分析类型统称为"偏差归因"。

PDCA 的 A 是对检查的结果进行处理。一方面，在下一个经营周期中进行活动监控，保证过程指标不偏离之前制定的行动方案；另一方面，如果确认改善方案有效，就可以将其标准化，纳入企业的知识库，完成从数据到信息再到知识的闭环。

数据分析中的规范性分析（通过算法给出解决方案）和指标阈值预警功能可以为检查提供有力的支持，做到既关注管理结果，也关注管理过程。因为只有过程得到保障，结果才有可能实现。在智扬信达的 BI 方法论中，这种分析类型被称为"过程纠偏"。

另外，在制定改善方案的过程中，商务智能的假设模拟功能也能发挥很大的作用：通过调整各种明细指标，监测对结果指标（一般是一级指标）的影响，在结果和可实现性这两个角度不断地平衡，制定更科学合理的改善方案。

如果管理者想要用数据解决经营管理问题，真正实现经营改善，就需要实现数据分析的"完整"和"深入"。"完整"是指数据能够支撑 PDCA 的各个过程，计划的制订、结果的复盘、问题的解决都能得到数据的助力。"深入"是指核心的业务关注点需要进行偏差归因，用数据分析的手段快速定位最大的影响因素。完整和深入缺一不可，它们能够助力企业实现"看得到、看得快、看得远和看得清"的目标，是构建企业经营管理数字化决策体系的基本要求。

如果我们把企业运营的逻辑链条看作一个个完整的商业故事，那么数据分析不是简单地陈列数据，而是讲故事，即讲 PDCA 的故事，让企业从故事中获得启示，不断优化，得到成长。

例如，某企业某年年底使用商务智能系统，基于实际数据和预测算法，再借助模拟假设功能，发现将次年的利润率目标设置为"收入的 10%"是合理且应该可以完成的，因此就按此设定指标。但是次年上半年利用数据分析进行经营复盘时，管理者发现利润率只完成了一半。管理者使用商务智能的钻取功能，监测影响利润的下一级指标，发现和利润关联的几个核心要素中，数量和价格目标都基本完成了，但是产品销售的结构表现（即高、中、低端产品的销售比）和最初目标比，表现较差。因而管理者优化了针对高端产品的促销计划和对销售渠道的激励政策，经过过程监控（数据预警）的协助管理以及对各种情况的不断调整（模拟假设），终于在下半年大幅度改善了产品销售结构，最终完成了指标的逆转，达成了经营计划的结果要求。

通过上述案例我们可以发现，要想真正实现现代企业管理下的科学决策，企业的数据分析及其关联的商务智能系统要做到全流程支持，需要从管理的起点贯穿终点，同时具备计划、预测、可视化、洞察、模拟假设等功能。这样才能真正为管理者提供一个有效的、可以推动企业不断优化的强大工具。

1.4　如何用数据讲企业经营管理的故事 ●●●●

企业经营管理的核心关注点是如何高效利用已有资源，按照预定目标最大限度地取得经济效益和社会效益。因此，管理者在经营管理过程中需要时刻关注企业运营目标达标情况、运营效益、运营效率和运营风险。扩大规模、增加利润、提高周转及控制风险始终是企业经营管理的目标，如图 1-1 所示。

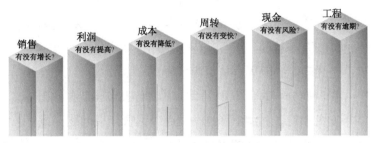

图 1-1　企业经营管理目标

　　企业所处阶段不同，经营管理关注的重点也会稍有差异。企业处于快速增长的阶段，目标主要聚焦在扩大规模和抢占市场份额上；而如果企业所处行业相对成熟，那么控制成本、提高效率、提升竞争力则成为企业关注的重点。无论企业处于哪个阶段，销售有没有增长、利润有没有提高、成本有没有降低、周转有没有变快、现金有没有风险等始终是管理者时刻关注的问题。企业管理者需要解决的核心问题，是怎么用数据结合 PDCA 去解决这些问题。

1.4.1　计划 ●●●●

　　计划的关键是"合理、准确"。企业召开经营分析会，实际上分析的是上个阶段的经营管理数据。一般会重点分析核心指标的完成情况，如收入、利润是否按计划完成既定目标，以判断企业经营是否正常。核心指标的目标值是衡量关键经营 KPI（Key Performance Indicator，关键绩效指标）的标尺，因此首先要确保 KPI 目标值准确、合理。

　　企业经营战略制定者在制定目标前，需要通过经营沙盘对各种 KPI 的相互影响进行模拟推演。例如，当企业的收入增长 20% 时，对应的应收账款和库存会增长多少。商务智能系统的数据模拟预测功能可以在计划制定环节提供足够的数据支持，保证 KPI 目标的合理性。

1.4.2 分析 ●●●●●

分析的关键是"深入"。在经营分析会的结果复盘中，核心 KPI 不仅要和目标比较，还要和上一年同期作同比分析，以及和上个月作环比分析。通过结果复盘，管理者可以全面了解上个月的经营是否有问题。发现问题虽然是经营分析的第一步，但从企业经营管理的角度出发，造成问题的原因分析更为重要。

例如，我们在做利润分析时，发现上个月利润与去年同期相比下降了 5%，这是结果。我们通过结果复盘知道了利润下降这一问题，但仅知道问题，显然无法为后续经营管理提供改善建议。导致利润下降的因素有很多，可能是产品销售策略调整导致的，可能是销售不力造成的，也可能是成本费用没有管控好造成的。因此我们需要对各种可能造成利润变化的因素进行精准计算和分析，明确每个因素具体对利润产生了多少影响，为后续的改进提供数据支持。

通过因素分析法，我们可以深入地对问题的原因进行分析，实现偏差归因。但问题确认后，如何在日常的经营过程中避免问题发生呢？首先，要解决实时监控的问题，管理者可以随时随地通过手机分析数据，对日常经营过程进行分析；其次，使不同业务线的人员对齐短期目标，找到达成目标的关键行动点。

例如，对于销售人员，则围绕销售目标达成这个核心点，帮助他们盘点销售目标的缺口，并且用数据帮助他们分析为了达成短期业绩目标，应该把重点放在新订单获取还是跟进已有订单的生产或者催客户提货上；对于供应链专员，则围绕订单的交付这个核心点，帮助他们找出目前交付异常或者可能发生交付异常的订单。通过对经营过程的深入分析，管理者可以实现"过程纠偏"。

1.4.3 模拟预测 ●●●●●

模拟预测的关键是"闭环"。通过结果复盘和偏差归因分析企业经营数据，不仅可以定位问题，还可以对造成问题的因素进行分析。但为了明确如何对造成问题的因素进行改进，还需要对因素的改进进行推演测算。例如，在发现利润同比下降20%后，如果在下一期间对成本进行控制，减少 5%成本总额，利润会提升多少？如果下一期间销量提升10%，利润会提升多少？管理者可以通过模拟预测解决数据分析的"最后一公里"问题，实现企业经营计划、结果复盘、业务洞察、过程纠偏的闭环分析。

第 2 章

数字化浪潮中的数据分析平台

我国数字经济已经进入数字化创新引领发展能力提升的全新阶段，绿色低碳、安全可控、智能高效、云转型成为我国大多数企业在这个时代的必然选择。SAP Analytics Cloud 作为 SAP 公司推出的一个全面的云端分析解决方案，凭借智能化、协同性、安全可靠的云端架构及覆盖全球的服务支持体系等优势，成为我国企业在数字经济下低成本、高效实现商务智能数据分析的首选产品。

2.1 数字经济发展下的必然选择

相较于传统的计算模式，云计算具有使用便捷性、数据安全性、动态可扩展性、高性价比、高可靠性、虚拟化等特点。本节将从我国企业信息化发展进程和云计算的特性与优势入手，和读者一起探讨为何云转型是数字经济发展下的必然选择。

2.1.1 我国企业信息化发展进程

经历了邮电通信时代、互联网时代、云计算时代，我国电子商务发生了质的飞跃，信息化逐渐从大企业向中小企业扩散。信息化使得我国企业可以在产品设计、开发、生产、经营和管理等环节上广泛运用电子计算机的硬件、软件等信息技术来处理和传递交易信息。在这种模式下，企业的各种交易信息以数字形式呈现。大量的数字信息压缩和加密后以光速传播，跨越了手工业经济和传统工业经济，催生了一种全新的知识经济。

网络的发展和云计算对我国企业有何影响呢？下面笔者将带领读者回顾一下我国企业的信息化发展进程，帮助读者理解数字经济下，为何我国企业一定要上云，以及上云给我国企业带来的种种好处。

20 世纪 80 年代初，随着通信基础设施建设加快，很多企业开启了信息化建设的进程。财务管理软件、进销存软件、研发设计管理软件、生产制造管理软件等逐渐出现，但此时国内企业自主研发的生产制造管理软件功能较弱。1981 年，沈阳机床厂从德国引进了国内第一套 MRP（Material Requirements Planning，物资需求计划） II 系统。次年，宁江机床厂与国内一家软件开发商和管理咨询服务商签订合同，历时 5 年研发出一套完整的计算机辅助生产管理系统。20 世纪 80 年代末，SAP 进入我国市场并成功服务了第一个客户——上海机床厂。

20 世纪 90 年代，更多国外的 ERP（Enterprise Resource Planning，企业资源计划）软件厂商带着先进的 ERP 工具正式进入我国市场。这些 ERP 软件把计算机应用与企业管理融为一体，帮助企业实现业务流程的信息化管理。与此同时，国内的管理咨询公司迅速发展，成为 ERP 实施商或者企业上市前的合规化指导公司。20 世纪 90 年代末，面向政务、税务、金融、电信、钢铁、石油、石化、电力、民航、汽车、建筑、地产等各行各业的企业管理软件逐渐起步，针对各个行业的定制化管理软件逐渐丰富。

21 世纪初，我国成功加入世界贸易组织（WTO），制造业出口业务迅猛发展。需要将产品出口到国外，或者需要和海外企业开展业务的公司陆续开始使用 ERP 软件。2005 年后，我国本土企业陆续走出地方，或在全国布局，或在全行业布局，由此也带来了许多新的管理挑战，因此集团化公司统一财务管理、人力管理、流程管理、数据安全管理的需求应运而生，越来越多的集团化企业开始使用企业资源计划管理软件。

随着我国各个行业生产制造管理、财务、人力、企业流程相关系统被投入使用，系统积累的数据越来越多，基于这些系统的数据分析需求也日益增多。在企业尚未引入专业的数据分析工具之前，各部门通过人工整理数据，然后进行分析。但在这个过程中常常会遇到一些问题，例如，因获取的数据不全面而导致分析结果单一化、随机性强；信息传递不及时、失真导致决策失误；数据获取费时、费力，企业需要雇用专人收集数据；客观技术因素导致分析结果和决策传达延迟。

当分析的数据量达到一定程度后，往往会超出人力或者一般办公软件的分析能力范围。由于数据分析读取数据的频率增加，导致一些 OLTP（On-Line Transaction Processing，联机事务处理）系统的功能和性能受到影响。鉴于此，很多企业管理者开始意识到利用专业的 OLAP（On-Line Analytical Processing，联机分析处理）系统来完成数据分析任务的重要性。

OLAP 系统能够对历史业务数据进行分析，支持复杂的查询操作，侧重于对经过预处理的海量数据进行分析和预测，最终在短时间内提供直观易懂的查询结果。一种典型的 OLAP 系统是 BI 系统。BI 系统可以帮助企业实现获取数据更加全面、保障信息来源一致、数据口径统一的目标，企业数据分析更加系统化和科学化。相较于传统人工模式，通过 BI 系统进行数据分析快速、省力，分析结果可以实时传达到企业的决策层、管理层和执行层。

BI 系统能够从两个层面更好地帮助企业实现信息化发展。

（1）数据层面。帮助企业解决数据未打通、数据不共享、数据不完整、整合效率低、数据不可靠、安全无保障的问题，充分释放企业数据价值。

（2）分析价值层面。帮助企业解决数据分析无体系、分析口径不统一、分析不灵活、分析时效性差、管理层决策周期长、决策效率低的问题，充分挖掘数据价值。

简而言之，BI 系统能够帮助企业数据分析人员的日常工作从以往的 80% 的时间做数据准备和核对、20% 的时间进行数据分析和决策，转变为仅花费 20% 时间进行准备、80% 的时间进行分析和决策，如图 2-1 所示。数据分析人员有更多精力来处理更有意义和价值的工作，企业决策更快、更准、更智能。

20%分析和决策　　80%数据准备和核对　　80%分析和决策　　20%数据准备和核对

图 2-1　引入 BI 系统前后数据分析的工作时间比例

在使用了企业资源计划工具和 BI 工具之后，为什么企业还要上云呢？一家企业若想构建自己的 ERP 或 BI 系统，需要至少建设一个机房，并购买相关的服务器、存储设备。有了这些硬件设施，企业还需要通过招标比对，采购软件产品。但由于不同企业的管理需求和业务流程不相同，因此企业还要花费一定的费用实现软件定制。

不乏很多企业组建自己的 IT 团队/部门，自主研发相应的管理系统，但是往往因为缺乏经验，企业自主研发系统反而花费更多的成本，系统才能逐渐稳定并满足自身的需要。当系统正式上线后，企业还需要持续投入资金用于系统的维护。当存在多套系统且系统之间存在数据交互后，将不同系统集成起来也会耗费一定的费用。

以上是企业使用传统应用模式下的信息系统建设方式和投入情况。简而言之，企业想要拥有一套自己的 ERP 系统或者 BI 系统，需要进行以下投入：

（1）硬件及网络；

（2）购买或研发软件产品；

（3）定制化需求实施；

（4）运维和服务；

（5）与其他系统集成。

随着企业规模的扩张、业务量不断增加，仅通过一次硬件采购搭建的基础设施无法满足越来越多的应用运行需求，然而想要对原本的硬件基础设施进行改造会引发一系列麻烦。一方面，走立项申请流程、召集供应商进行招标、设备安装及调试等，少则需要一两周，多则需要几个月；另一方面，软件产品功能不断迭代更新，企业在使用这些软件产品时常常面临是否升级的选择。因为部署在企业本地服务器的软件产品想要升级，往往需要专业的系统管理员进行，特别是大版本的升级。

由于可能影响企业自定义开发的功能、系统升级费时费力，并且有可能影响企业业务人员正常使用等，因此一些企业放弃对产品进行更新升级。如果把信息系统比作电，那么企业基于这种传统模式搭建信息系统就相当于自己建设"发电厂"、铺设"电线"等基础设施，并持续管理"电压""电流""功率"的分配问题和故障维修问题。

而云计算则相当于专业的"供电公司"提前完成了这些基础设施建设，同时配备了专业的管理员负责"电压""电流"的分配和故障检修，用户只需接入"电网"并支付一定的费用即可。此外，相较于自建"发电厂"，"供电公司"可提供的"电力"只要企业支付费用，理论上是无限制使用的，同时企业无须自己雇用运维人员来负责基础设施的维护。相较于传统的信息系统应用，云计算所拥有的算力理论上来说是无限制的，只要企业愿意，就能随时调动服务器获得强大的运算能力和产品应用服务。

随着互联网技术的升级及电信行业基础设施的完善，我国企业信息化发展进程不断加快。对于大多数企业来说，选择基于云端的应用，如常见的业务系统和 BI 产品，既可以以最低的成本得到最新的应用，随着企业规模扩大及业务量的增加，又能轻松地进行系统资源扩展，实现降本增效。企业不必一次性投入大量资金进行大规模的基础设施建设，而是可以把相应的资源用在企业业务扩张或其他更重要的地方。

2.1.2　云计算的特性与优势 ●●●●

我国企业信息化发展的进程已经到了云计算阶段。云计算具有众多特性与优势，能给企业和用户带来很多便利。本节将向读者一一解析云计算各个特点的主要表现。

1. 使用便捷性

云计算的突出特点是使用便捷性。云计算作为一种计算机技术的应用模式，有很多分类，目前而言比较常见的分类有开发软件、社交网络、大数据分析、数据备份和归档、文件存储、通信、业务流程系统等。简单来说，我们使用手机和电脑时常用的应用和功能在云上都有体现，甚至部分应用已经实现全面云化。下面通过一个具体的案例说明。

30 年前，存储文件用软盘；20 年前，存储文件用 U 盘；10 年前，移动硬盘成为主流的存储设备。虽然这些工具随着计算机技术和制造业的发展，体积越来越小、容量越来越大、价格越来越便宜，但是人们始终需要将其带在身边以备不时之需，否则当要用到之前自己备份的内容时，经常措手不及。随着云计算的发展，人们不再依赖于物理的移动存储设备，取而代之的是各种网盘、聊天工具的文件记录功能，人们能够随时随地、通过不同的云空间获取文件，也可以轻松、快速地分享文件给其他人。

在企业上云之前，员工想要使用业务系统或 BI 系统对数据进行处理或查验结果，都需要赶到公司，打开电脑，在内网环境中操作。如今，大多数基于云的系统都支持员工随时随地通过智能手机或其他移动设备访问企业的系统。只要连接了互联网，IT 人员无须守在电脑旁，也不用起早赶到办公室，在上班途中或家里就能够通过被授权的设备对云中的资源进行存储、检查或处理。这种模式提升了问题处理及企业内部沟通的效率，大幅缩短了管理者的决策时间。

以下是我们公司的一则小故事。

2000 年，上网需要拨号，一根电话线能连接到的只是有限的世界。智扬信达工作室一名初出茅庐的销售员 Colin，在网上冲浪时发现了商机——北京一家公司需要实施 BI。

Colin 想尽办法查阅报刊搜集到了客户的信息，前往火车站窗口买了 K106 次火车的车票，历时 29 小时 54 分终于抵达了北京西站。出了火车站，Colin 看到偌大的首都一时手足无措，花费 5 元在火车站广场大妈手中购买了一张《北京交通旅游图》，终于找到了客户公司所在地。

他费尽千辛万苦来到该公司时，发现这家公司早已搬走。报刊上登记的地址是几个月前的，而新的地址距离此处非常遥远。幸好该公司门口留有一个紧急联系电话，Colin来到路边找到一个公共电话亭，拨打了该公司的电话。经过交谈，Colin得知该公司实施BI的需求已得到满足，其他公司为其提供了服务。此次北京之行耗费了Colin大量的时间，最终却由于信息差白跑一趟。在网络发展落后的时代，信息就是财富，无法第一时间获得信息就会失去先机。

20多年后的今天，随着云计算的发展，各种应用五花八门。智扬信达工作室的总经理Colin，只需坐在办公室就能实时获取全国各地的客户信息和商机。连接深圳和北京的不仅是9个小时左右的高铁旅程或3个多小时的飞机飞行时间，还有云带给我们的实时交互。

中国铁路网站使用云技术后，很少有人再去火车站窗口排队买票了，人们提前半个月即可在线上规划好自己的行程，这在一定程度上打击了倒卖车票的"黄牛"。手机上的电子地图让我们能够实时规划从当前地点到达目的地的最佳路线，我们再也不用担心出门迷路了，而目前各地图应用的核心系统基本在云上。云计算技术给我们的生活带来了很多便捷。

2. 数据安全性

云计算能够给人们带来诸多便利，那么将数据交给"云"来处理，会不会存在安全隐患呢？一直以来，企业无论大小和所处行业，都对自己的商业秘密讳莫如深。如果企业的核心业务信息、配方、客户信息泄露，就很容易让竞争对手抓住机会，抢占自己的市场份额或利用一定的手段模仿自己的产品来恶意压价。

为了保障数据安全，云计算主要从信息安全、网络安全和云安全3个方面进行安全管控。其中信息安全的重点是加密和隐私保护，网络安全的关键是防范非法访问和恶意代码，云安全的核心是共享技术的安全利用。该技术包括数据安全、访问控制与身份认证、共享技术问题、系统安全漏洞、内部人员威胁等。企业想要实现以上各方面的安全，选择一家靠谱的云服务商至关重要。

在传统模式下，企业信息系统通常基于内部的数据中心搭建，数据中心的内部防火墙保障了系统的安全性。和传统的本地部署信息系统相比，云计算最大的不同是把所有的数据都交由第三方管理。这些数据可能会被存储在分散的服务器中，好处在于数据只会在非常极端的情况下丢失，而如果信息系统数据由企业自己保管，随着时间的推移，由于设备老化、火灾、地震等不可控因素，数据中心设备损坏造成数据丢失的概率很高。

当然，坏处也是存在的——在公有云上，数据可能会以明文的方式存储。尽管防火墙能够应对大部分恶意的外来攻击，但是仍然存在关键信息泄露的风险。另外，由于开发和维护的需要，云服务商的内部员工可能拥有访问云平台上数据的权限，一旦数据被部分别有用心的员工非法获得，有可能给企业造成不可估量的损失。那些对数据隐私有要求的企业是完全不能接受这种情况发生的。

从技术层面来说，公有云平台还没有针对性的数据隐私解决方案。企业可以选择构建私有云或者混合云来实现弹性计算和数据隐私的均衡，在保障数据安全的前提下享受云计算带来的便利。除此之外，在技术条件允许的情况下，对核心机密数据进行加密存储也是保障企业数据安全的方法之一。从非技术的层面来说，随着《中华人民共和国数据安全法》和《中华人民共和国个人信息保护法》的正式颁布和施行，数据安全与隐私保护问题受到了国家、社会及企业的重视。云服务提供商应遵守相关的法律法规，保护客户数据隐私，不和第三方共享核心业务数据。

3. 动态可扩展性

讲到动态可扩展性，就不得不提计算机史上的一个奇迹——"铁路12306"。相信大部分人都有过春运抢票的经历，在我国信息系统发展起来之前，人们购买火车票只能通过火车站的专属售票处购买。近10年来，12306网站及手机App应用的普及，给旅客的出行带来了极大的便利，旅客能够提前在手机App或12306网站上购买车票。

我国地大物博，我国铁路的最大优势在于规模。庞大的铁路运营规模导致在我国卖一张火车票要面临全球最难的算法和最高的流量。以香港开往北京的G80高铁为例，该次列车停靠香港西九龙、深圳北、广州南、长沙南、武汉、郑州东、石家庄、北京西共8个站点，设有二等座、一等座、商务座3个等级的座位。

从香港西九龙上车的旅客可能在深圳北、广州南、长沙南、武汉、郑州东、石家庄、北京西7个站点下车，以此类推该趟车次共有28（7+6+5+4+3+2+1=28）种可能的乘车区间，再乘以3种等级的座位，一共是84种商品。每当卖出去一张票，与该乘车区间有重合的其他区间的座位库存数量都要减少。

实际上的计算量还远不止于此，随着站点的增多，车次的商品种类就越多。据统计，在春运期间，"铁路12306"单日平均承载1 495亿次的单击量，一年卖出30亿张车票。余票查询的算法更是难上加难，为了避免重复卖票，旅客每查一次票，线上网站和线下5 500多个火车站的电脑都要更新座位、车次、身份信息等数据，每年春运期间甚至要承受每秒 150 万次的查询量。在如此大的压力下，"铁路 12306"很少出现系统瘫痪，只要旅客的网络没问题，查询结果几乎实时呈现。如今，"铁路 12306"已经成为世界上交易规模最大的实时交易系统之一。

"铁路 12306"能有如今的成就，采用云计算技术是重要的因素之一。有的人认为，只要硬件条件足够好，不采用云计算也一样可以达到这个效果。事实上，"铁路 12306"在峰谷的查询量有天壤之别，比如白天和晚上、工作日和节假日的查询量就截然不同。使用云计算之前，"铁路 12306"几乎没有办法在成本和并发能力之间做好平衡。如果为了支撑春运期间的超高并发量，"铁路 12306"需要配置优质的硬件设施，而这些设施在低峰期处于浪费状态，并且硬件资源的购置成本和维护费用是一笔不菲的资金。

以往的解决方案是在几个关键入口进行流量控制以保证系统的可用性，但这么做会极大地影响用户的体验。如今，利用云计算的弹性计算（动态扩展）和按量付费的模式来支持带有波动性质的海量查询业务，把整个系统应用架构中存在高消耗、低周转问题的部分放在云上，成为充分利用云计算弹性（动态扩展）的绝佳方式。

在云计算时代，企业无须花费大量资金购置"顶配"的硬件，仅在需要用到时，支付一定的费用，理论上可以获得无限的算力。而在业务交易的低峰期，这些算力不会闲置浪费，可以为其他企业所用。

4. 高性价比

云计算的高性价比主要体现在两个方面：一是使用云产品的企业前期在硬件方面的投资相对较小；二是企业使用信息系统的过程中，无须配备专业的设备管理员对服务器、系统进行维护。

首先，在传统模式下，企业搭建自己的信息中心需要购买高性能的服务器和大容量的存储设备，而使用云产品的企业仅需配置终端设备即可，所有需要运算的业务都交给云端处理，可以节约一大笔预算。其次，小型企业一般不会为信息系统配备可靠的、经验丰富的信息系统管理员。随着计算机应用的高速发展，中小型企业自己养这些专业的技术人员是一个很大的负担。而在云产品的助力下，系统设置、升级、维护等工作都可以由云服务提供商负责，不但省钱，还能使系统更加稳定、安全。

5. 高可靠性

数据丢失是大部分企业关注的一个重点问题。如果企业的数据存储在个人电脑上，在个人电脑、硬盘损坏，病毒入侵，维护人员工作失误或者发生自然灾害等不可控的情况下，数据可能会丢失或泄露。如果将数据存到云上，将会极大地降低这方面的风险，企业可以通过任何连接到云的计算机访问这些数据。

云上的数据被分散存储在各地，大型云服务提供商的机房设置有专业的灭火和隔离机制，并且数据会定期备份。因此，将数据存储在云平台上的可靠性一定程度上高于存储在个人电脑或企业机房中。

6. 虚拟化

云计算的虚拟化特点可以概括为分区、隔离、封装和独立，即通过虚拟技术把用户所需要的配置分离出来，这些分离出来的配置作为一个个独立的服务器互相不会影响，每个服务器内部的资料被单独封装成一个个文件。

云计算虚拟化特点的优势主要在于具有集群特性和虚拟机特性。集群特性是指云计算应用的服务器具备高可用性，是一组服务器集群，如果集群内部的某一台服务器发生故障无法运行，在集群上运行的虚拟机会自动迁移到其他正常运行的服务器上，保证用户使用不中断，而这个过程用户是无感知的。

此外，集群能够实时监控内部所有服务器的运行状况，一旦某台服务器的压力过大，就会自动将服务器上部分虚拟机迁移到其他空闲的服务器上，也就是负载均衡。这样可以延长服务器的使用寿命，也能提升用户的使用体验。而虚拟机特性主要指云计算应用的操作系统是一个虚拟机，虚拟机可以基于云服务提供商提供的模板快速部署以满足用户的要求。当虚拟机关机后，也可以将虚拟机进行复制（克隆），不改变个性化的信息。在使用过程中，如果遇到虚拟机资源占用高、运行卡顿等情况，管理员可在后台对虚拟机的 CPU、内存、存储等配置启动"热添加"，而无须停机进行资源扩充，不会影响业务运行。总的来说，云计算的虚拟化特点使用户使用体验得到了有效提升。

2.2 SAP Analytics Cloud 产品特色 ●●●●

在第 1 章中，我们讲解了传统数据分析的两大误区是被当作"花瓶"和"报表生成器"，拥有传统 BI 工具往往被误认为具备数据分析的能力，实际上它的输出结果只是一张张明细报表、一页页"仪表盘"或"驾驶舱"。

除了以上基本功能以外，不少企业还会构建预算系统用来进行预算编制、预算执行。一些企业还会开发预测工具，基于历史数据对未来预算使用情况进行预测，为后续工作提供指导。传统 BI 工具只能实现 BI 可视化，预算、预测等功能都是相对独立的。而 SAP 公司推出的新一代数据分析平台——SAP Analytics Cloud 围绕企业痛点，整合了可视化、预算、预测 3 个功能，将企业的 BI 应用从事中监控、事后复盘推向了事前预测，让企业能够在一个平台中实现打通整个业务链，实现 PDCA 的管理闭环。

SAP Analytics Cloud 是 SAP 公司推出的一款云端分析软件，作为 SAP 新一代的战略绩效云平台，利用了机器学习和人工智能技术，整合了"商务分析""智能预测""全面预算"3 个核心功能，是一个集数据应用与分析于一体的综合性平台。这一平台既能支持业务用户进行敏捷、自助化的 BI 数据分析，也能支持技术用户进行复杂的分析场景设计，可以帮助企业更好地分析和理解数据，优化决策过程。

SAP Analytics Cloud 的强大功能主要包括"敏捷可视化""决策推演""预算编制""智能预测""专业应用分析"及"数字董事会"6 个方面。SAP Analytics Cloud 提供了多种数据连接方式，支持不同数据源的连接，以及便捷的数据处理和数据建模。它预置了强大的系统管理功能，权限管理可以细化到单元格，支持用户对系统的使用情况、报表访问情况、报表的加载效率等信息进行监控和分析，是一个完善的端到端的 DevOps（Development 和 Operations 的组合词，即软件开发人员与 IT 运维技术人员紧密合作）解决方案。

SAP Analytics Cloud（简称"SAC"）于 2017 年进入我国市场，随着 SAC 在国内的快速发展，我国很多企业采用 SAC 作为其企业级的分析平台。下面将简单介绍 SAC 的核心功能及其特点。

2.2.1 敏捷可视化 ●●●●

图 2-2 传统 BI 项目建设阶段

想要了解敏捷可视化，我们首先要知道"非敏捷"的可视化是如何实现的。在传统 BI 项目中，实现用户可视化需求的项目通常至少需要经历"项目准备""需求沟通""蓝图设计""系统实现""系统上线""支持优化"6 个阶段，如图 2-2 所示。

　　通过传统 BI 项目实施方法论进行用户可视化需求开发,优点在于用户的需求经过项目各阶段的沟通、确认、设计,产品开发完成后经过充分的测试、上线后才交到用户手中。这样的可视化页面是深思熟虑后的结果,适用于成体系的、需求相对固定的数据分析场景。

　　而这种模式的缺点也是十分明显的,那就是从用户提出需求到最终使用产品会有一个非常长的周期。对于数据驱动的企业来说,耗费大量资源进行应用场景设计及落地无疑是非常有价值的,但是对于一些小企业或需求变化频繁的部门来说,应用传统 BI 模式成本过高、周期过长,无法满足公司/部门决策的要求。

　　基于这种情况,敏捷可视化的需求应运而生。在传统模式下,业务人员提出需求,IT 技术人员根据需求进行数据准备、报表开发后提交给业务人员使用,业务人员有新的需求再提交给 IT 人员进行调整。敏捷可视化的模式为:IT 人员按照主题准备数据,业务人员根据自己的分析需要、基于准备好的数据模型进行自助分析,只需对应主题的数据是完整的,如何分析完全由业务人员自己决定,省去了需求调整后的响应时间。两种模式的差异对比如图 2-3 所示。

图 2-3　传统可视化与敏捷可视化

　　SAC 的敏捷可视化是通过“故事”的应用实现的。故事是一种演示文稿样式的文档,我们可以将其简单理解为 PPT,通过使用统计图、可视化对象、文本、图像和象形图,使得数据的呈现更加直观。如果故事的设计者创建的故事通用性较强,可以与其他用户共享;设计者(故事所有者)为要分享的故事授予权限,共享故事之后,具有查看权限的用户就可以查看其他人开发的故事了。通过故事,每个业务用户可以基于 IT 人员准备好的数据进行个性化的分析,可视化页面的调整用户自行处理即可,省去了需求沟通、定制开发、验证的时间。

2.2.2　预算编制 ●●●●●

在需求确定以后，"计划"功能的实施通常包括以下 3 个流程：数据模型准备、"计划"功能落地、"计划"场景运用。

预算计划与"预测数据"之前存在千丝万缕的因果关系，在 ToB（To Business，面向客户）领域实现"预测数据"是非常有挑战的，但是其与预算计划的配合大幅降低了"预测数据"的落地难度。下面通过事前、事中、事后 3 个方面展开说明。

（1）事前。基于企业历史数据通过算法进行运算得到"预测数据"，这部分"预测数据"可为预算计划编制提供参考。

（2）事中。基于事前"预测数据"的结果，为预算编制提供参考。

（3）事后。计划制订完成及实际执行过程中的数据，可以不断优化算法，形成闭环，反馈到事前支持。

事前、事中、事后可以形成闭环，使"预测数据"在一些场景中能真正有效地支持业务开展。

2.2.3　智能预测 ●●●●●

智能预测是 SAP Analytics Cloud 产品中用来增强智能分析的功能。通过智能预测，用户能借助平台强大的智能分析功能，便捷、高效地完成数据分析任务。

智能预测功能目前提供 3 个分析模型供用户使用：分类模型、回归模型、时间序列模型。各个分析模型适用于不同的业务场景，用户可以根据业务需要选择最佳模型来进行数据分析。

（1）分类模型：针对不同客户，分析他们会购买哪些商品，购买的可能性如何。

（2）回归模型：通过商品的成本和售价等自变量，对某一商品进行销量的因果分析。

（3）时间序列模型：在未来的半年中，预测产品的每日销量是多少，可以根据历史的销售信息，结合日期变化、人流强度进行综合分析。

借助提前收集好的真实数据，指定所需要的数据集，通过智能预测功能，可以进行相对准确的数据预测。最后利用故事开发呈现实际与预测的可视化分析页面，挖掘出数据深层含义，如图 2-4 所示。

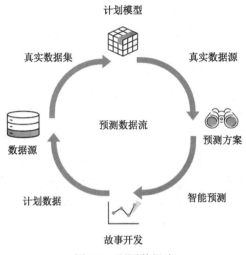

图 2-4　预测数据流

2.2.4　数字化董事会 ●●●●

数字化董事会（Digital Boardroom）是基于 SAP 分析云 SAC 的特有功能和产品，起源于 SAP 内部的企业管理应用，通过三屏联动的方式展现董事会议程需要展示的经营数据和在线分析。

3 块可触控大屏分别为概览屏、主屏幕、上下文屏幕。其中，概览屏提供全局的经营信息和关键绩效指标指引；主屏幕用于浏览具体业务线展开的汇总信息；上下文屏幕提供更加明细的数据信息。通过三屏实现互动的数字可视化，可对业务问题进行在线的深入洞察，挖掘并回答具体的业务问题，取代传统的纸质材料与固定的文本报告，将企业的数据转变为战略资产，释放数据的业务价值，如图 2-5 所示。

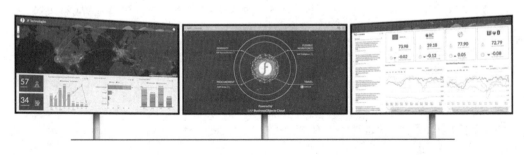

图 2-5　数字化董事会

2.2.5 三位一体的分析平台 ●●●●●

对于企业来说，"分析—计划—预测"是一个完整的数据应用循环。SAP Analytics Cloud 将分析（商业智能）、计划、预测三者整合起来，如图 2-6 所示。

图 2-6 三位一体的分析平台

SAC 解决方案将商业智能、预测及计划功能整合到统一的云平台中。作为 SAP 业务技术平台（Business Technology Platform，BTP）的分析层，该解决方案可以在整个企业范围内支持高级分析，具体体现在以下 3 个方面。

（1）基于一致的体验，在各种设备上完成发现、分析、计划和预测等工作。

（2）在同一位置进行数据管理和分析，做出端到端的决策。

（3）实施扩展，以满足业务及不同用户对所有决策类型的需求，包括战略决策、运营决策和战术决策。

借助人工智能、机器学习和自然语言处理，该解决方案支持用户更快地做出业务决策，具体体现在以下 3 个方面。

（1）以对话方式提问，即使用自然语言诠释结果。

（2）使用自动化的机器学习功能发现数据中的未知关系，找到 KPI 的驱动因素并采取适当的后续行动。

（3）预测潜在成果和预测值。

利用机器智能，该解决方案以对话的形式即时提供问题的答案，赋能用户，主要体现在以下 3 个方面。

（1）通过即时为用户提供结果，提高采用率和可用性。

（2）消除偏见，采取适当的后续行动。

（3）预测潜在成果和目标，帮助用户更好地制定资源分配方案。

该解决方案还可以整合云端的高速创新与可靠的本地功能，而不影响现有投资，具体体现在以下 3 个方面。

（1）制定战略并快速采取行动，提高业务敏捷性。

（2）扩展和扩大数字化投资。

（3）支持所有用户访问分析工具，使用户直观地获取信息。

备好数据

第3章

作为一种可视化工具，SAP Analytics Cloud 本身并不产生数据。如果管理者想要对企业经营数据进行分析，以此来提升企业的竞争力或解决企业内部的问题，则需要"数据底座"的支持。

在 SAP Analytics Cloud 中，"数据底座"由两种方式提供：一是通过实时数据连接实时获取外部系统的数据；二是通过导入数据将外部系统数据存储至 SAP Analytics Cloud 的后台 HANA 数据库中。用户在创建报表或管理驾驶舱之前，需要明确数据从哪里来。其中，数据连接是 SAP Analytics Cloud 开发的第一步，用户在建立数据连接前，需要确认并搭建数据模型。本章主要阐述如何在 SAP Analytics Cloud 上备好数据，搭建好 SAP Analytics 系统的数据底座。

常规项目的开发流程一般为：配置数据连接—创建数据模型—开发可视化页面。本章将重点介绍开发流程的前两项：配置数据连接、创建数据模型。

3.1 数据连接 ● ● ● ●

数据连接的本质是在不同的系统之间建立通信和交互的路径，以便在不同的应用程序、系统或服务之间传输数据。数据连接可以通过多种方式实现，如网络连接、数据库连接、API（Application Programming Interface，应用程序编程接口）连接等。数据连接的目的是使不同的系统能够共享数据，使数据在不同的应用程序或系统之间流动，从而实现数据共享和数据集成的目标。

在 SAP Analytics Cloud 系统中，数据连接有 3 种方式：实时数据连接、导入数据连接、导出数据连接。这 3 种连接方式分别可以实现数据的实时共享和传输、导入数据的批量传输和导出数据的批量传输，满足了数据集成、数据共享和数据交换的需求，从而帮助企业打通数据壁垒、消除信息孤岛。

3.1.1　实时数据连接 ●●●●○

实时数据连接的本质是在源系统与 SAP Analytics Cloud 系统之间建立起一种实时、可靠的连接，使得数据在源端发生变化的同时，SAP Analytics Cloud 系统也能够及时获取，从而可以在 SAP Analytics Cloud 系统上对数据进行实时的处理和分析，并且无须将数据上传到 SAP Analytics Cloud 系统。一方面，实时数据连接可以帮助企业实现无延迟的数据采集、传输、处理和分析，提高企业分析数据的效率；另一方面，企业的数据无须传输到企业以外的地方，进一步保障了数据的安全性。

实时数据连接主要指的是到 BW&BW4/HANA 的实时数据连接。我们可以采用在 ABAP（Advanced Business Application Programming，高级商业应用编程）服务器上配置 CORS（Cross-Origin Resource Sharing，跨域资源共享）的方法来配置连接。而根据 SAP 的要求，BW（Business Warehouse，商务仓库）必须满足 SAP NetWeaver Kernel 7.49 PL315 或更高版本。

配置到 BW&BW4/HANA 的实时数据连接的步骤如下。

1. 检查 Kernel 版本

在 SAP GUI 中单击"系统"—"状态"，以明确系统状态，如图 3-1 所示。

图 3-1　SAP GUI 中显示系统状态

在系统状态菜单中单击系统 Kernel 信息按钮，如图 3-2 所示。

图 3-2　系统 Kernel 信息按钮

在弹出的信息框中显示 Kernel 版本，如图 3-3 所示。

图 3-3　Kernel 版本示例

2. 检查 NetWeaver 和 BW 版本

SAP 系统信息明细按钮位置如图 3-4 所示。

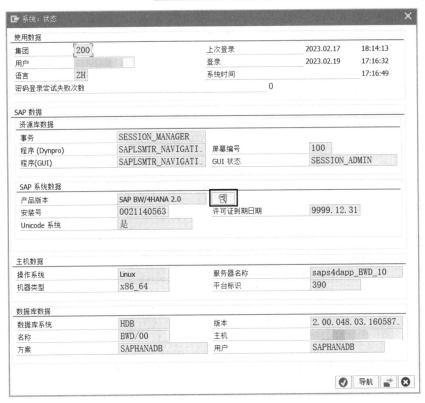

图 3-4　SAP 系统信息明细按钮位置

在弹出框中可以检查 NetWeaver 和 BW 版本，如图 3-5 所示（①为 NetWeaver 版本：753 SP8；②为 BW 版本：BW4 2.0 SP12）。

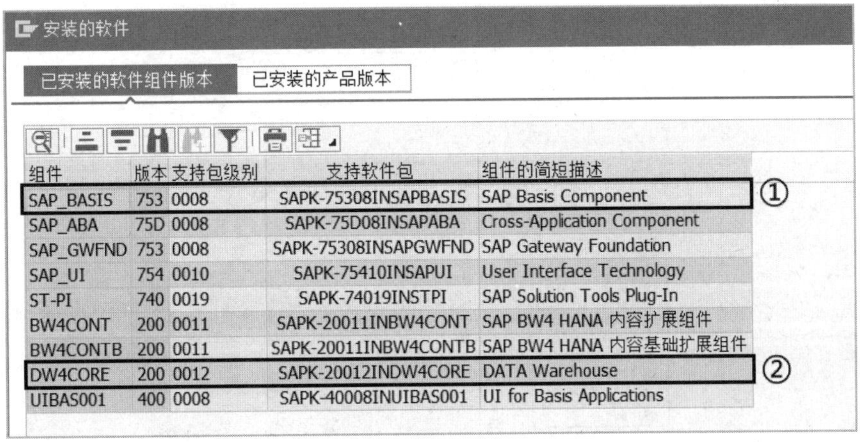

图 3-5　组件版本信息示例

3. 检查 ABAP 应用程序服务器上的 InA 情况

部署到 BW&BW4/HANA 的实时数据连接，要确保 InA 包已启用且网络服务正在源系统的 ABAP 服务器上运行。检查 ABAP 服务器上的 InA 情况的步骤如下。

（1）检查并激活所需的 InA 服务。首先，输入事务代码：SICF；其次，输入服务路径：/sap/bw/ina；最后，单击"执行"。如图 3-6 所示。

图 3-6　查看 InA 服务路径

（2）在虚拟主机/服务处，点开层级树结构，找到 InA 目录的各项服务，确保 BatchProcessing、GetCatalog、GetResponse、GetServerInfo、Logoff、ValueHelp 服务处于活动状态。各项服务位置如图 3-7 所示。

图 3-7　各项服务位置

查看此项服务是否为激活状态可以参照以下步骤。以"BatchProcessing"服务为例，双击服务名称，进入"创建/更改服务"界面，查看服务名称后面是否有激活标识，如图 3-8 所示。有激活标识则该服务处于激活状态。

图 3-8　InA 服务激活标识示例

4．在 ABAP 应用程序服务器上配置 CORS

根据 SAP 要求，在使用 SAP NetWeaver 7.52 或更高版本时，需要先应用 SAP Note 2531811 或导入 ABAP 7.52 SP1 补丁包来修复 SAP NetWeaver 中 CORS 的相关问题，再根据以下步骤在 ABAP 应用程序服务器上配置 CORS。

（1）输入 T-code：RZ10。

（2）在"参数文件"中，从列表中选择"DEFAULT"。

（3）在"版本"中，从列表中选择最新版本。

（4）在"编辑参数文件"中选择"扩展维护"并单击"修改"。

这 4 步的位置如图 3-9 所示。

图 3-9　参数文件位置示例

（5）找到"icf/cors_enabled"参数，单击"修改参数"按钮，如图 3-10 所示。

图 3-10　修改参数位置示例

（6）将参数值设置为 1，如图 3-11 所示。

图 3-11　参数值设置位置示例

（7）如果没有参数，需要自行创建：单击"创建参数"按钮，按照以上示例进行设置。配置完参数之后，需要重新启动 ABAP 服务器以使更改生效。

5. 将 SAP Analytics Cloud 添加到 HTTP 允许清单

将 SAP Analytics Cloud 添加到 HTTP 允许清单主要步骤如下。

（1）输入事务代码：UCONCOCKPIT。

（2）将"场景"更改为"HTTP 白名单场景"，如图 3-12 所示。

（3）将"交叉源资源共享"的模式更改为"活动检查"，如图 3-13 所示。

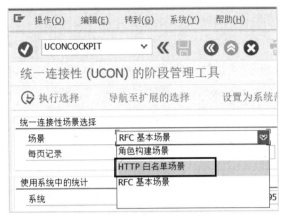

图 3-12 HTTP 白名单场景

图 3-13 交叉源资源共享模式示例

（4）双击进入"交叉源资源共享"。

（5）在"白名单"下添加 SAP Analytics Cloud 主机信息，如图 3-14 所示。

图 3-14 添加主机信息示例

下面为 SAP Analytics Cloud 主机的详细配置信息。

"服务路径"：添加 "/sap/bw/ina"。

"主机规则": 添加 SAP Analytics Cloud 主机。

"允许的方法": 选择 "GET" "HEAD" "POST" 和 "OPTIONS"。

将 "x-csrf-token,x-sap-cid,authorization,mysapsso2,x-request-with,sap-rewriteurl,sap-url-session-id,content-type,accept-language" 内容添加到 "允许的头"; 将 "x-csrf-token,sap-rewriteurl, sap-url-session-id,sap-perf-fesrec,sap-system" 内容添加到 "公开的头"。

选中 "允许凭据" 单选框。

6. SameSite Cookie 配置

SameSite Cookie 主要配置步骤如下。

（1）在 ABAP 服务器上创建 rewrite.txt 文件。路径为：/usr/sap/\<SID\>/SYS/profile/。代码示例如下。

```
SetHeader sap-ua-protocol ""
if %{HEADER:clientprotocol} stricmp http [OR]
if %{HEADER:x-forwarded-for-proto} stricmp http [OR]
if %{HEADER:forwarded} regimatch proto=http
begin
    SetHeader sap-ua-protocol "http"
end
if %{HEADER:clientprotocol} stricmp https [OR]
if %{HEADER:x-forwarded-for-proto} stricmp https [OR]
if %{HEADER:forwarded} regimatch proto=https
begin
    SetHeader sap-ua-protocol "https"
end
if %{HEADER:sap-ua-protocol} strcmp "" [AND]
if %{SERVER_PROTOCOL} stricmp https
begin
    SetHeader sap-ua-protocol "https"
end
if %{RESPONSE_HEADER:set-cookie} !strcmp "" [AND]
if %{HEADER:sap-ua-protocol} stricmp https [AND]
if %{HEADER:user-agent} regmatch "^Mozilla" [AND]
if %{HEADER:user-agent} !regmatch "(Chrome|Chromium)/[1-6]?[0-9]\."
```

```
[AND]
    if %{HEADER:user-agent} !regmatch "(UCBrowser)/([0-9]|10|11|12)\." [A
ND]
    if %{HEADER:user-agent} !regmatch "\(iP.+; CPU .*OS 12_.*\) AppleWebK
it\/" [AND]
    if %{HEADER:user-agent} !regmatch "\(Macintosh;.*Mac OS X 10_14.*(Ver
sion\/.* Safari.*|AppleWebKit\/[0-9\.]+.*\(KHTML, like Gecko\)))$"
    begin
        RegIRewriteResponseHeader set-cookie "^([^=]+)(=.*)" "$1$2; SameS
ite=None; Secure"
        RegIRewriteResponseHeader set-cookie "^([^=]+)(=.*; *SameSite=[a-
zA-Z]+.*); SameSite=None; Secure" $1$2
        RegIRewriteResponseHeader set-cookie "^([^=]+)(=.*; *Secure.*);
Secure" $1$2
    end
```

（2）从 SAP GUI 登录到 ABAP 服务器系统，输入 T-CODE：“RZ10”，编辑 DEFAULT 配置文件，具体步骤可参阅上文“在 ABAP 应用程序服务器上配置 CORS”内容。要启用 HTTP 重写并指向重写文件，需要给 DEFAULT 配置文件添加参数。

参数名称：icm/HTTP/mod_0。

参数值：PREFIX=/, FILE=$(DIR_PROFILE)/rewrite.txt。

参数信息如图 3-15 所示。

图 3-15　重新指向重写参数示例

（3）重新启动 ABAP 服务器系统以启用 rewrite.txt 文件，使配置生效。

在 SAP Analytics Cloud 系统中建立实时连接可以选择“连接—连接到实时数据—SAP BW”，连接类型选择“直接”，如图 3-16 所示。输入 BW 系统的连接信息包括名称、主机、端口、客户端、用户名和密码等，即可创建实时连接。

图 3-16　建立实时连接示例

3.1.2　导入数据连接 ●●●●

导入数据连接指的是将数据从外部数据源（如 Excel 表格、数据库等）导入并存储到 SAP Analytics Cloud 系统后台的 HANA 数据库中，以便对数据进行分析和挖掘。在 SAP Analytics Cloud 系统中将散乱的数据整合起来，构建一个完整的、一致的数据视图，能使企业更好地理解和利用数据，进而支持企业的决策和发展战略。通过导入数据连接，企业可以实现数据的集成、清洗、整合、管理和分析。

需要注意的是，SAP Analytics Cloud 系统中"计划"功能板块及"导出"功能模块只能使用导入数据模型，不支持实时数据模型。

SAP Analytics Cloud 系统的导入数据连接，主要通过安装和配置 SAP Cloud Connector、SAP Analytics Cloud Agent（SAP Analytics Cloud 代理）以及 SAP Java Connector（Java 连接器，JCo）来实现。连接部署架构如图 3-17 所示。部署时，需要将 SAP Cloud Connector 和 SAP Analytics Cloud Agent 部署在能够直接访问数据库（不受阻止）的内网环境中，并允许向外连接至因特网。

SAP 公司建议将 SAP Cloud Connector 和 SAP Analytics Cloud Agent 安装在一台专用服务器上，避免安装在个人计算机上，以防服务器停机或者系统缓慢。

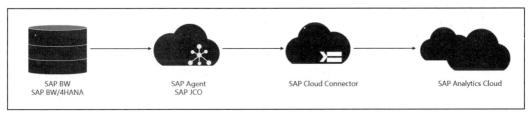

图 3-17　连接部署架构

如果代理服务器是 Windows 64 位操作系统，并且代理服务器上还没有部署运行 Tomcat 服务器，或者已经配置了现有 SAP BTP Cloud Connector，则可以安装使用 SAP Analytics Cloud 代理简易部署工具箱，它能够快速让导入连接生效。SAP Analytics Cloud 代理简易部署工具箱可以在 SAP 官网中下载获取并安装。具体操作如下。

（1）进入"支持包和修补程序"，然后搜索 CLOUD KIT。

（2）遵循压缩包中包含的 README.txt 中的说明，以及部署文件夹中提供的 Post-Setup Guide 中的说明。

（3）运行代理简易部署工具箱后，将安装 Tomcat 服务器、Cloud Connector 和 SAP Analytics Cloud 代理。

可以参照以下步骤在 SAP Analytics Cloud 代理服务器上配置连接。

（1）登录 Connector 地址进行配置。登录地址、账号、密码信息，可以从说明配置文档（Setup-Guide.html）中获取。登录界面如图 3-18 所示。

图 3-18　登录 Connector 界面

（2）在 Connector 系统中添加子账户。子账户信息可以在 SAP Analytics Cloud 系统中查看。查看位置如图 3-19 所示，添加账户位置如图 3-20 所示。

图 3-19　查看子账户位置

图 3-20　添加子账户位置

（3）在 Connector 系统中添加系统映射，添加位置如图 3-21 所示，示例内容如表 3-1 所示。

图 3-21　添加系统映射位置

表 3-1 账户内容示例

类　　型	内　　容
Back-end Type:	Other SAP System
Protocol:	HTTP
Internal Host:	localhost
Internal Port:	8080
Virtual Host:	localhost
Virtual Port:	8080
Principal Type:	None
URL Path:	/C4A_AGENT/
Access Policy:	Path and all Sub-paths

（4）当 Mapping 和 Resources 两个区域的 Status（状态）都为绿色时，Cloud Connector 配置就完成了。

导入数据连接包括到 BW&BW4/HANA 的导入数据连接和到关系型数据库的导入数据连接。下面对两种方式进行具体介绍。

1．到 BW&BW4/HANA 的导入数据连接

当前置内容配置好后，再配置 SAP JCo：提供连接到 BW 的驱动，即可连接到 BW&BW4/HANA 的导入数据。可以参照以下步骤配置 SAP JCo 驱动。

（1）可以从 SAP Support Portal 上下载 SAP JCo。值得注意的是，要确保下载的 SAP JCo 版本与本地的 HANA、Tomcat 版本兼容。

（2）在服务器中，将 sapjco3.jar 和 sapjco3.dll 文件放到 Apache Tomcat 的 lib 文件夹中。

（3）重启 Tomcat。

2．到关系型数据库的导入数据连接

SAP 支持的主要的 JDBC 数据库如表 3-2 所示，表中有两列信息：自由编写 SQL、查询生成器。自由编写 SQL 是指可以通过编写 SQL 语句查询数据；查询生成器是指可以选择表或视图中的字段。

表 3-2　SAP 导入数据连接支持的关系型数据库（部分）

受支持的 JDBC 数据库	自由编写 SQL	查询生成器
Amazon EMR Hive	支持	不支持
Amazon Redshift	支持	不支持
Apache Hadoop HIVE	支持	不支持
Apache Spark	支持	不支持
BusinessObjects Data Federator Server XI	支持	不支持
Cloudera Impala	支持	不支持
DB2 10 for LUW	支持	支持
DB2 10 for z/OS	支持	不支持
DB2 v9	支持	不支持
Data Federator Server	支持	不支持
通用 JDBC 数据源	支持	支持
GreenPlum	支持	不支持
HP Vertica	支持	不支持
IBM Puredata (Netezza)	支持	支持
Informix Dynamic Server	支持	不支持
Ingres Database	支持	不支持
MS Parallel Data Warehouse	支持	不支持
MS SQL Server	支持	支持
MaxDB	支持	不支持
MySQL	支持	支持
Netezza Server	支持	不支持
Oracle	支持	支持
Oracle Exadata	支持	不支持
PostgreSQL	支持	不支持
Progress OpenEdge	支持	支持
SAP HANA Cloud	支持	不支持
Snowflake	支持	支持
Sybase ASIQ	支持	不支持
Sybase Adaptive Server	支持	不支持
Sybase IQ	支持	不支持
Sybase SQL Anywhere	支持	不支持
Sybase SQLServer	支持	不支持
Teradata	支持	不支持

当前置内容配置好之后，配置 JDBC 驱动：安装和配置适当的数据库驱动，即可连接到关系型数据库的导入数据。可以参照以下步骤配置 JDBC 驱动。

（1）下载相应的 JDBC 驱动程序（不同数据库的 JDBC 驱动请参阅相关的关系型数

据库文档）并解压。

（2）创建属性文件<name>.properties。在属性文件中指定需使用的 JDBC 驱动程序的路径，其路径和名称必须与上一步文件的存放路径和名称完全一致。代码示例如下。

Sybase SQL Anywhere 17=C:\JDBC\sybase\jconn4.jar

MS SQL Server 2017=C:\JDBC\sqljdbc_6.0\enu\sqljdbc4.jar

（3）为属性文件创建环境变量。以 Windows 环境为例，在系统变量中新建变量"SAP_CLOUD_AGENT_PROPER TIES_PATH"，并将变量值设定为新增的属性文件路径。

（4）重启 Tomcat 服务器。

3.1.3 导出数据连接 ●●●●●

在 SAP Analytics Cloud 中，导出数据连接可以将 SAP Analytics Cloud 中的数据导出到外部数据源中，从而帮助用户将 SAP Analytics Cloud 中的数据与其他数据源进行集成、共享、分析、迁移等，以满足不同的业务需求，帮助决策者理解业务数据。

例如，用户在 SAP Analytics Cloud 系统中对"预算"版本中的销售额做了调整，想要和其他系统的数据进行集成分析，可以通过导出数据连接将调整后的数据导出至其他系统。

导出数据连接主要指的是导出到 CSV 文件。在 SAP Analytics Cloud 系统中，只有导入数据模型才能导出至 CSV 文件。在使用实时数据模型时，SAP Analytics Cloud 系统不支持将数据导出。

将模型中的数据导出为文本文件的操作步骤如下。

（1）打开需要导出数据的模型。

（2）工作区切换到"数据管理"页签。

（3）在导出作业中选择"将模型导出为文件"并新建计划，即可将模型中选定的数据导出到 SAP Analytics Cloud 文件服务器上。

3.2 数据模型 ●●●●

数据模型是对现实业务处理结果进行抽象整合，以支撑后续数据分析的后台对象。数据模型的核心组成部分为数据结构、数据计算及数据管理。用户创建故事时可以将数据模型作为故事的数据基础。

在 SAP Analytics Cloud 中，模型分为两种：导入数据的模型和实时连接的模型。

（1）导入数据的模型。通过导入数据连接，获取数据源中的数据，将数据导入并存储在 SAP Analytics Cloud 模型中，由此分割两个系统的数据，导入后的数据将不受数据源中数据更改的影响。

（2）实时连接的模型。与导入数据的模型相反，实时连接的模型的数据存储在源系统中，并且数据不会被复制到 SAP Analytics Cloud 模型中，通过 SAP Analytics Cloud 展示的数据还是数据源中的数据。因此，数据源中的任何数据更改都将立即在 SAP Analytics Cloud 展示中生效。

本节将介绍常规项目中使用频率比较高的针对模型的处理操作，以及如何进行模型数据管理操作。

3.2.1　模型预处理 ●●●●

SAP Analytics Cloud 中数据模型的设计、开发与需要支持的故事息息相关。一般在故事中需要提前明确分析场景核心要素（5W2H）相关信息，从而确定开发故事时需要的指标、维度、计算逻辑等信息，如图 3-22 所示。

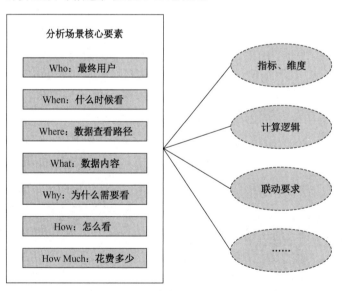

图 3-22　分析场景核心要素

　　分析场景设计完成后，在搭建具体模型前需要先进行数据模型设计。数据模型设计核心要素有数据结构、数据计算、数据管理。将分析场景确定后输出的指标、维度、计算逻辑等信息转换为后台数据模型设计核心要素，最终数据模型为分析场景的实现提供数据支撑。因此，数据模型设计非常关键，它决定了 SAP Analytics Cloud 系统中数据架构的稳定性、可靠性和扩展性。分析场景核心要素和数据模型设计核心要素的转换如图 3-23 所示。

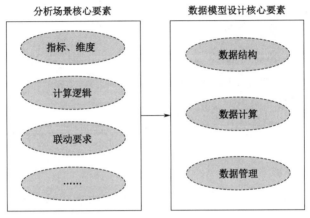

图 3-23　分析场景核心要素和数据模型设计核心要素的转换

　　通过整合 5W2H 的相关信息，就可以设计数据模型的数据结构、数据计算及数据管理。这样做一是为了提高数据的质量，减少冗余数据，提高数据模型的准确性和有效性；二是为了减少返工现象，避免需求没有及时得到满足，后期需要重新调整模型结构。例如，故事中图形展开就需要在建模时创建层次结构。

　　下面从"维和度量""创建模型""层次结构""地理维度""公式与计算""公用维"和"数据安全及权限管控"等核心内容入手进行讲解。

1. 维和度量

　　在 SAP Analytics Cloud 中，"维"和"度量"是贯穿整个系统的两个重要名词。维可以理解为看待事物的角度，度量可以理解为量化衡量标准，通常被称为指标。例如，有一条业务数据：销售员 Bill 销售产品 A，获得了 1 000 万元的销售收入。在这组业务数据中，销售员 Bill、产品 A 可看作维，销售收入可看作度量。

　　在 SAP Analytics Cloud 中，维度包括以下几种。

（1）通用维。通用维是指可以适用于多个业务场景的维度，如产品、国家、客户等。在创建通用维时，系统会自动添加"成员ID"和"说明"特性。通用维可以为数据分析和报表设计提供基础维度，以便对数据进行多维度的分析。

（2）日期维。日期维是指以日期为基础的维度，日期维可以指定颗粒度，如年份、季度、月份、周、日等，并且在故事中可以选择当前日期维度颗粒度满足的时间层次结构。日期维可以为时间相关的数据分析提供日期维度，例如，分析不同时间段内的订单情况、对比不同月份或季度的销售业绩等。

（3）组织维。组织维是指以组织为基础的维度，如公司、部门、团队等。在创建组织维时，系统会自动添加"货币"和"负责人"特性。组织维可以为不同组织层级的数据分析提供基础维度，例如，分析不同部门或团队的业绩、比较不同公司的市场占有率等。

（4）账户维。账户维是指以度量为维度成员的维度，系统会将每一列度量都作为账户维中的成员。例如，模型A中有收入、成本两个度量，那么创建模型后，账户维中会有收入、成本两个成员，模型最后会有"值"列来存放两个度量对应的数据，在模型中只能拥有一个账户维。

（5）版本维。版本维是一个系统内置维，此维共有5种数据版本可在模型中定义：实际版本、预算版本、计划版本、预测版本和滚动预测版本。

（6）时间戳维。时间戳维类似于日期维，区别是它包含时、分、秒和毫秒，并且没有层级结构。当需要对时间进行分析时，可以使用时间戳维度。

在建模阶段可以更改维度的类型，更改位置如图3-24所示。添加维度时只允许添加通用维、组织维、日期维，如图3-25所示。

图3-24　建模阶段更改维类型

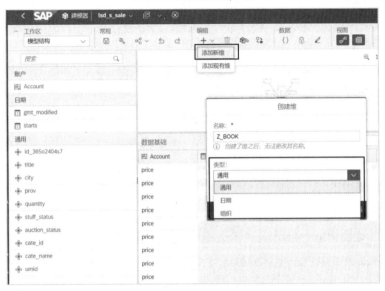

图 3-25　模型结构管理添加新维类型

需要注意的是，每个模型必须包含一个度量。如果创建模型时没有度量，系统会自动创建一个度量。

2．创建模型

数据模型可以通过左侧菜单栏"建模器"创建，创建路径如图 3-26 所示。

图 3-26　数据模型创建路径

创建的 4 种方式说明如下。

（1）自建模型。需要手动创建维和度量来完善模型结构，模型创建好后没有数据。

（2）从文件数据源创建模型。获取文件中选择的页签，此页签的表头作为模型的默认结构，可以在建模阶段对字段进行增加、删除、内容编辑处理，模型创建好后将存有建模处理后的数据。值得一提的是，当文件数据源的表头为中文时，系统会自动创建英文序列 ID 作为维或度量的技术名称。

（3）从实时数据连接创建模型。通过此方法创建的模型只可以修改维的说明，并且模型不存储数据。

（4）从导入数据连接创建模型。获取导入数据连接数据源的表结构作为模型的默认结构，可以在建模阶段对字段进行增加、删除、内容编辑处理等操作，模型创建好后将存有建模处理后的数据。此方法创建的模型和从文件数据源创建的模型大致相同，唯一的区别是数据源头不同。

实时数据源不允许对模型结构进行调整，只允许对字段的说明进行更改。在建模阶段，用户可以对模型进行结构定义、数据管理、数据清理等操作，即用户可以在 SAP Analytics Cloud 系统中进一步对数据进行处理，提升数据质量，以做出决策，如图 3-27 所示。

图 3-27　建模阶段示例

想要将模型变为计划模型，需要在建模时单击"模型选项"中"启动计划"单选框。但前提条件是，模型中必须有日期维作为计划日期维。

3. 层次结构

层次结构指的是一个对象被划分成多个层次，每个层次都包含若干个子层次，形成一个树状结构。在层次结构中，每个子层次都拥有一个父层次，而最顶层的层次节点则是整个结构的根节点。在故事分析界面，如果用户需要图形或者表格拥有"下钻"的功能，则需要在模型中创建对应层次结构以满足此需求。

常用的两种层次结构为：基于级别的层次结构和父子层次结构。在建模阶段可以创建基于级别的层次结构，在模型结构管理中可以创建父子层次结构。基于级别的层次结构比父子层次结构创建得更快，并且基于级别的层次结构可以自动获取模型中数据列的层次规则。

（1）基于级别的层次结构

基于级别的层级结构通常是由若干个预定义的层级组成的，每个层级都有一个明确的名称和唯一标识符，这些层级按照预定的顺序排列，形成一个层级结构。例如，在销售分析中，可以将时间维分为年、季度、月、日等多个预定义层级，并按照这些层级进行组织。

在建模阶段，单击顶部菜单栏的"基于级别的层级结构"按钮（如图 3-28 所示）。单击按钮后，首先，单击"＋"新建层次结构，层次结构命名必须是英文。其次，选择用于创建层次结构的维列。需要注意的是，此处先选择最低级别的维列。最后，勾选"为我的层次结构生成 100% 唯一的最低级别"，单击"确定"。创建界面如图 3-29 所示。

图 3-28　"基于级别的层级结构"按钮示例

图 3-29　创建基于级别的层次结构

（2）父子层次结构

父子层次结构是维度中拥有父属性的层次结构。父子层次结构中出现的层次级别是通过父子成员之间的父子关系形成的。例如，在组织结构中，某部门有一个上级部门和若干个下属部门，这些部门之间形成了一个父子层次结构。

在建模器中，单击需要创建"父子层次结构"的维度，在"维详细信息"菜单中选择最后一项"层次结构"，然后单击"创建层次结构"–"父子层次结构"，创建位置如图 3-30 所示。

图 3-30　创建父子层次结构

在模型中对通用维创建了父子层次结构后，则需要点进去对应的维度，手动将父子级别的层级关系维护至维的层级结构属性中，如图 3-31 所示。值得一提的是，公用维则可以用导入作业的方式自动获取父子级别的层级关系。

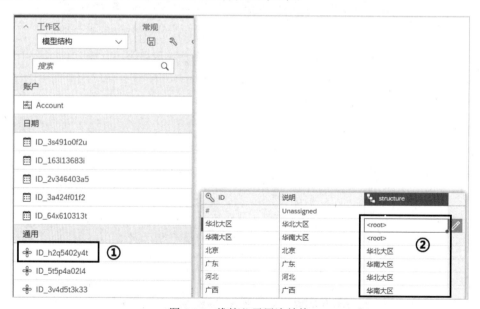

图 3-31　维护父子层次结构

4．地理维度

在建模阶段可以创建地理扩充维，以供在故事中使用地理地图。模型中地理扩充维分为两种：坐标维和地区名称维。地理扩充维设置位置如图 3-32 所示。

图 3-32　地理扩充维设置位置示例

如果选择"坐标"作为填充依据，数据中需要有包含纬度、经度等信息的数据列。首先，单击"地理扩充依据"；其次，单击"坐标"，将纬度、经度维选到相应的坐标选项中。如果数据中包含位置信息，可以设置为与位置 ID、位置说明关联，但这不是必填的。自定义一个维名称单击"创建"后，建模器会自动生成一个地理扩充维。地理扩充维设置界面如图 3-33 所示。

通过坐标表示的地理位置

维名称*

ZBOOK

∨ ID

位置 ID

选择带有位置 ID 的列

位置说明

选择具有位置说明的列

∨ 坐标

纬度*

纬度

经度*

经度

创建　取消

图 3-33　地理扩充维设置示例

SAP Analytics Cloud 规定：指定坐标时，仅支持十进制度数格式且省略度数符号，例如，纬度 38.8897 和经度-77.0089。纬度支持的范围是-85.05113 到 85.05113，经度支持的范围是-180 到 180。

如果选择"地区名称"作为填充依据，系统支持两种填充依据：完全使用数据模型中的列和选择系统提供的国家/地区。查看系统所支持的国家/地区、区域和子区域列表，可以单击设置界面下方的"下载位置"按钮。如果数据含有国家/地区信息的数据列，可选择此数据列作为地理扩充维；如果数据中没有相关数据列，可以从选择一个列作为国家/地区（例如"国家/地区"）的下拉框中选择，数据将限制为所选国家/地区。地区名称维设置界面如图 3-34 所示。

图 3-34　地区名称维设置界面

5. 公式与计算

使用模型中的公式去计算出新的维和度量，可以帮助用户进行数据建模，帮助用户更好地理解和分析业务数据。例如，管理者 B 想要通过毛利率查看企业盈利情况，而在数据源中没有此指标，此时就可以通过模型中的公式进行计算，满足此需求。

SAP Analytics Cloud 支持 10 种函数：数学运算符、条件运算符、业务函数、查找函数和引用函数、逻辑函数、反演函数、数学函数、字符串函数、转换函数、日期和时间函数。

需要注意的是，函数名称和关键字（如"OR"）区分大小写。用户在创建公式时，可以在公式栏中按"Ctrl"+"空格"显示公式列表，也可以输入"["查看当前模型可使用的维和度量。

数据模型常被用于以下几种指标分析场景。

（1）累计指标的统计分析，如销售数量、销售收入、采购数量、采购成本等。该类型指标的特点是指标可累加，常用于统计期间发生值。这类指标无须在模型中设置公式，当使用模型数据展示表或统计图时，会自动根据展示的维进行聚合计算。

（2）指标的同比趋势分析，如销售收入的同比趋势、采购成本的同比趋势等。这类指标可以在模型中新建一个度量，度量设置公式：YOY（比较的度量，比较的日期维）。当使用模型数据展示表或统计图时，指标值会自动根据展示的维进行聚合后的同比趋势计算。

（3）特殊计算逻辑的统计分析，如最大值、最小值、平均值、计数器等。该类型指标的特点是指标值的计算逻辑与特定需求挂钩，与不同粒度的维度组合时，需要重新计算指标值，典型应用是统计个数（计数器）。这类指标可以在模型中的"异常聚合类型"选择对应的聚合类型，如最大值、最小值、平均值、计数器等，并将所有可用维指定为异常聚合维。当使用模型数据展示表或统计图时，指标值会自动根据展示的维进行聚合后的特殊逻辑计算。

（4）异常聚合的统计分析，例如，通过"价格×销量"计算得出收入值。在此情况下，可以对"收入"度量使用"总和"的异常聚合类型，并将所有可用维指定为异常聚合维。当使用模型数据展示表或统计图时，指标值会自动根据展示的维先进行乘法计算再聚合。

6. 公用维

在 SAP Analytics Cloud 中，公用维是指多个数据模型之间共享的维度。通过共享公用维，用户可以将不同数据模型中的相同维度进行关联和连接，从而进行更深入的数据分析和探索。例如，一个销售数据模型和一个客户数据模型都包含了客户名称和客户编号两个维度，这两个维度就可以作为公用维进行关联和连接，用户可以更好地分析销售数据和客户之间的关系。

在 SAP Analytics Cloud 中，用户可以通过两种方式创建公用维。

（1）在建模器中通过添加新维的方式创建公用维，只需要勾选"将其设置为公用维"即可，如图 3-35 所示。

图 3-35　在建模器中创建公用维

（2）在公用维目录下创建公用维，如图 3-36 所示。

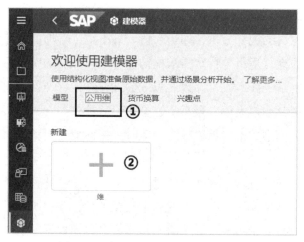

图 3-36　在公用维目录下创建公用维

公用维在 SAP Analytics Cloud 系统中可以充当"主数据"的角色。在 SAP Analytics Cloud 系统中，公用维管理最重要的目标是消除数据冗余，提高数据处理效率，提升企业战略协同力。

7. 数据安全及权限管控

企业中每个用户的权限不同，可访问的数据也不同。例如，员工 A 只能查看某部门的数据，而管理者 B 能查看整个集团的数据。在 SAP Analytics Cloud 系统中，每个模型都是私有的，用户想要访问某个模型则必须获得其想要访问模型的权限。模型可以像故事和文件夹一样进行共享。在共享对话框中，用户可以选择与其共享模型的用户或团队的访问级别，具体有"查看""编辑""完全控制""自定义"等访问级别。

用户可以在"维详细信息"页签打开数据访问控制，对单个维设置权限，实现对数据访问的权限管控，如图 3-37 所示。

图 3-37　数据访问控制开关位置

数据访问控制被打开之后，维度后面将出现"读"和"写"两列，如图 3-38 所示。用户通过在"读"列维护角色或用户账号来控制数据访问权限。数据访问权限可以使用公用维，通过数据导入的方式定时对权限进行更新，便于对整个系统数据权限控制和运维。

图 3-38　维度数据控制示例

3.2.2　模型数据管理 ●●●●●

前面介绍了模型预处理，即用户可以对模型的数据结构、数据计算、数据权限管理进行相应处理。在 SAP Analytics Cloud 中，数据模型是故事获取数据的唯一来源，是 BI

数据分析的基座。用户使用导入数据的模型时通常面临 3 种情况：数据源更换、数据导入的选择及数据导入的频率。本小节将介绍这 3 种情况的处理方式。

1. 模型数据源管理

当用户需要给 SAP Analytics Cloud 中的模型更换数据源时，可以按照以下步骤操作。

（1）打开模型的"数据管理"工作区。

（2）在"草稿源"栏单击"导入"按钮。

（3）选择导入位置：文件或数据源。

（4）单击"草稿源"进入字段映射页面。

（5）给数据源的字段与 SAP Analytics Cloud 模型字段设置映射关系。

新建草稿源操作步骤（分 4 步）如图 3-39 所示。

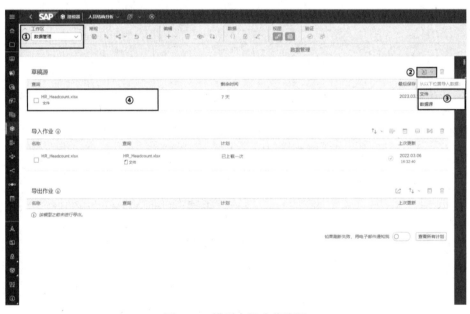

图 3-39　模型中新建草稿源

然后，进入数据源与模型映射界面，如图 3-40 所示。

映射界面可分为 4 个区域，分别对应图 3-40 中标注的序号。

① 菜单栏。当需要添加计算所得列时可通过菜单栏上的"*fx*"添加。

② 草稿源字段。

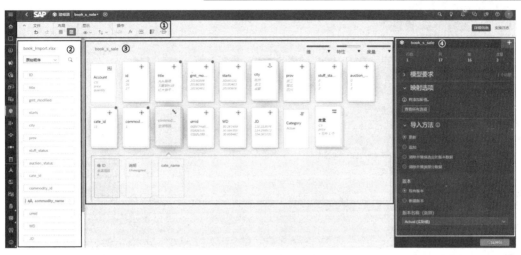

图 3-40　数据源与模型映射界面

③ 模型字段。

④ 模型映射菜单。可以查看映射质量、选择映射选项、选择导入方法及选择导入版本。系统会根据字段的技术名称来自动映射草稿源和模型间字段关系，不过用户还需检查一下，防止有误。用户可以将草稿源字段通过拖拽的方式放到模型字段的卡片中，来完成字段的映射。

需要注意的是，当映射的字段是"基于级别的层次结构"时，需要在"维 ID"里单击"生成和映射唯一的 ID"按钮。操作步骤如图 3-41 所示。

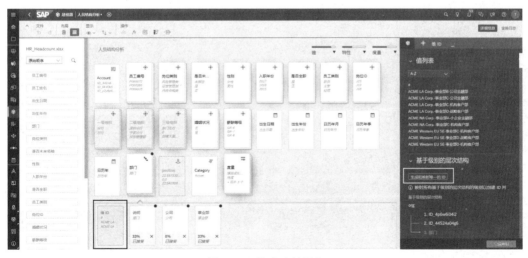

图 3-41　特殊映射操作

2. 数据导入管理

SAP Analytics Cloud 导入作业的导入设置功能可以管理数据模型的更新方式。选中某个导入作业，在"导入作业"一栏，单击"导入设置"按钮，即可针对此作业进行导入设置，如图 3-42 所示。

图 3-42　导入设置按钮位置

导入方法共有 4 种，分别为更新、追加、清除并替换选定的版本数据、清除并替换部分数据，如图 3-43 所示。

图 3-43　导入设置内容

导入方法内容介绍见表 3-3。

表 3-3　导入方法内容介绍

导 入 方 法	内 容 介 绍
更新	更新现有数据并向目标模型添加新数据。更新的方式是将目标模型中所有维当作联合主键，主键内容相同时更新数据，否则将添加新数据
追加	不修改现有数据，并向目标模型添加新数据
清除并替换选定的版本数据	删除当前模型版本数据，并添加新数据。当模型拥有多个版本属性时，即可选择版本。修改当前版本将不影响其他版本数据
清除并替换部分数据	是"更新"方法基础上更小范围的导入方法。基于此方法，用户可以选择维作为联合主键，模型中与源数据主键相同的条目将被替换，不同则添加新数据。例如，选择替换范围为"年月"，更新数据时源数据"年月"列有"202301"的数据条目，模型中"年月"为"202301"的数据条目将会被替换成数据源中的条目

导入设置页签中"其他选项"的具体介绍如下。

（1）使用新值更新维。出现新的维成员则系统自动在模型中追加维成员。

（2）基于账户类型反转数据的符号。当模型中的 INC 和 LEQ 账户值的符号（+/-）在表、统计图中显示时，符号会自动反转。

（3）使用"#"值填充空 ID 单元格。如果数据源的数据为空，则会用"#"号填充。

导入设置页签中"重置模型"选项的作用是：开启此选项后，导入的方法将变成"先清除当前模型中的所有数据，然后再替换成新的数据集"。

导入设置页签中"递增加载"的作用是：可以在查询时基于时间或数字字段，获取新的数据集加载到数据模型中。例如，用户可以根据"更新日期"字段来设置递增加载，系统会根据"更新日期"字段比对数据模型与数据源中的数据，识别出数据源中新增数据并加载到数据模型中。

3．作业控制管理

设置好数据模型的更新方式，用户还需要设置数据模型的更新频率，从而更好地管理模型中的数据。SAP Analytics Cloud 导入作业的计划设置功能，可以管理数据模型的更新频率。选中某个导入作业，在"导入作业"一栏，单击"计划设置"按钮（如图 3-44 所示），即可对此作业进行计划设置。

在计划设置页面，用户可以设置计划相关性及更新频率，如图 3-45 所示。区域①可以设置相关性，区域②可以设置更新频率。

图 3-44　计划设置按钮位置

图 3-45　计划设置界面示例

单击"设置相关性"创建源分组，可以按照顺序刷新导入作业，可以添加的作业包含来自公用维的作业和来自模型的作业。有以下两种组处理方式可供用户选择。

（1）如果查询失败则停止。某一导入作业失败，此导入作业和剩余导入作业将不再执行。

（2）跳过任何失败的查询。某一导入作业失败，剩余导入作业仍执行。

组处理选项更改位置如图 3-46 所示。

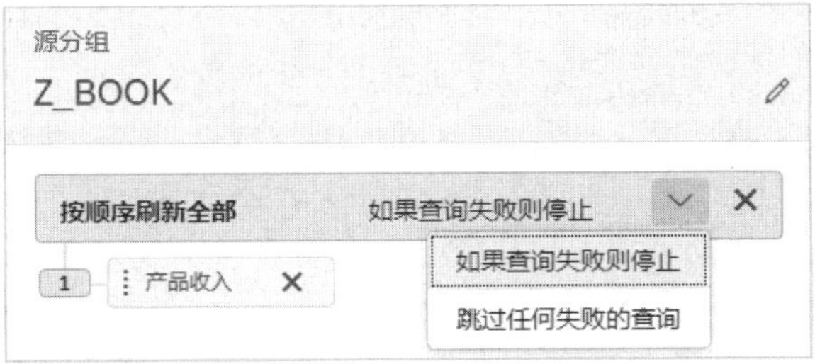

图 3-46　组处理选项更改位置

SAP Analytics Cloud 系统提供了 3 种更新频率："无""一次""重复"。

（1）无。模型不自动执行导入作业，模型数据更新需要用户手动单击导入作业最后的"刷新"按钮。

（2）一次。模型仅自动执行一次导入作业，用户需要选择开始日期、开始时间和时区作为自动开始的依据。

（3）重复。模型按照设置的频率自动执行导入作业。系统支持频率有"每月""每周""每天""每小时"，用户选择开始日期、开始时间和时区作为自动开始的依据，用户选择结束日期作为自动执行作业结束的依据。设置界面如图 3-47 所示。

图 3-47　计划设置按钮位置

目前系统所支持的最高更新频率是"每小时"，当用户有更高的更新频率需求时，可以通过新增导入作业、导入计划的方法来满足需求。例如，管理者想要每 30 分钟刷新一次模型数据，可以设置两个导入作业，将两个导入作业的计划开始时间间隔设置为 30 分钟，这样就能满足 30 分钟刷新一次模型数据的需求。

3.3 数据集 ●●●●

前文讲解了数据模型的预处理和模型数据管理，用户想要在 SAP Analytics Cloud 中熟练使用数据模型，还需要付出一定的学习成本。如果用户希望快速创建故事，并且不想再花时间学习如何使用数据模型，那么数据集就是第一选择。表 3-4 为数据模型与数据集的对比。

表 3-4 数据模型与数据集对比

类 型	使用难易程度	使 用 频 率	拓 展 功 能	数据是否支持页面开发	是否支持从文件导入数据
数据模型	中等	高	多	支持	支持
数据集	简单	低	少	支持	支持

SAP Analytics Cloud 中主要包含两种数据集：嵌入式数据集和独立数据集。两者的区别在于，嵌入式数据集和故事合为一体进行使用，而独立数据集是和数据模型类似的独立的数据提供对象。本节将介绍嵌入式数据集和独立数据集的创建方式及相关注意事项。

3.3.1 嵌入式数据集 ●●●●

用户创建完故事，在"数据"页签选择"添加新数据"，选择"从文件"或者"从数据源"添加数据，而不是选择"来自现有数据集或模型的数据"，则此数据集将成为故事的嵌入式数据集（也称为私有数据集），并且此数据集不会出现在"文件"列表中。创建操作如图 3-48 所示。

这个数据集只供此故事使用，但如果用户希望其他人也能够使用此数据集，可以参照以下步骤将其转换为公用数据集，具体操作如图 3-49 所示。

（1）选择数据集。

（2）单击菜单栏上的"网格视图"按钮。

（3）单击"转换为公用数据集"。

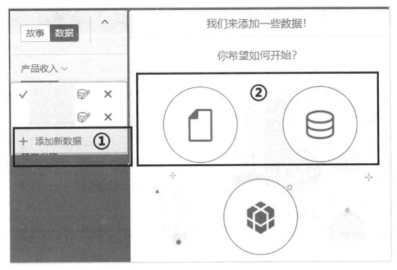

图 3-48　创建嵌入式数据集

图 3-49　将嵌入式数据集转换为公用数据集

需要注意的是，将嵌入式数据集转换为公用数据集后，需要考虑此数据集的数据访问权限。

3.3.2　独立数据集 ●●●●●

用户在 SAP Analytics Cloud 系统的左侧菜单栏选择"数据集"，就可以创建独立数据集。创建方式如图 3-50 所示。

这种类型的数据集存储在 SAP Analytics Cloud 中，并显示在"我的文件"中。用户可以通过导入数据文件收集数据，或从其他系统收集数据来创建这种数据集。

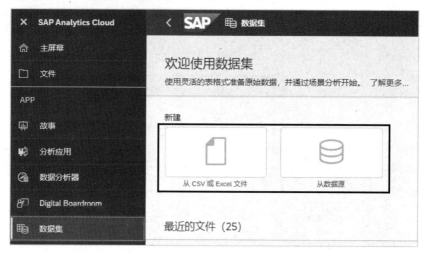

图 3-50　独立数据集创建界面

讲好故事

第4章

故事是 SAP Analytics Cloud 的核心功能，是 SAP Analytics Cloud 面向用户的展现方式。用户可以给故事添加图、表、地图等数据展示组件，用一种可视化的方式进行数据呈现，从而能更好地发掘、分析数据，直观地展示企业的数据变化和发展趋势。企业领导者借此可以轻松完成对企业的未来规划，指导企业的经营，使得经营决策更加符合市场的需求。

在大数据时代，如何发挥海量数据的应用价值，如何有效地利用历史数据预测企业未来的发展，如何从多维度分析数据，从而全面了解企业所处的市场竞争环境，是企业领导者很关心的话题。基于这些需求，SAP Analytics Cloud 应运而生。

4.1 开始讲故事

SAP Analytics Cloud 采用直观的拖拽方式来实现对页面的交互操作，同时结合内置的丰富的功能组件，使得数据分析的门槛降低，用户上手非常容易。数据分析师甚至零数据分析基础的业务用户都可以轻松、高效地进行数据可视化的分析操作，极大地提高了用户使用数据的灵活性。用户可以聚焦数据的有效利用，从而充分释放数据的价值。

4.1.1 数据可视化——统计图

研究表明，人脑善于捕捉和感知视觉线索，解读通过图表或图形等可视化方式呈现出来的大量复杂的数据要比研读电子表格或报告更容易。因此，在数据分析中使用统计图来展示数据，可以将复杂的数据分析结果以一种直观、形象的方式呈现出来，用户能快速感知和理解数据反映的结果，如趋势、占比等，更好地利用这些信息进行企业管理和决策。

SAP 官方深谙数据可视化的意义及重要性，不断地在如何让用户用好数据的道路上探索。SAP Analytics Cloud 内置丰富的图表，并提供定制化的分析仪表盘、互动式的图表等功能，引导用户通过讲故事的方式来传达数据分析的结果。丰富的统计图在 SAP Analytics Cloud 故事的构建和展现中发挥了至关重要的作用。

SAP Analytics Cloud 内置了各种类型和样式的统计图，如表 4-1 所示。

表 4-1　统计图类型和样式

统计图类型	统计图样式
对比图	条形图/柱形图
	柱形折线组合图
	堆叠柱形折线组合图
	堆叠条形/柱形图
	瀑布图
趋势图	堆积面积图
	折线图
	时间序列图
分布图	箱线图
	热图
	直方图
	雷达图
	树图
关系图	气泡图
	簇气泡图
	散点图
指标图	子弹图
	数值点图
其他	环形图
	Marimekko 图
	饼图

1．对比图

对比类型的统计图是指用图形的展现方式把数据的差异、矛盾、对立表示出来，让数据差异更明显、矛盾更突出，从而帮助用户找到数据的关键转折点。对比图可分为以下几种。

（1）条形图/柱形图

条形图/柱形图用于比较基于指定维度的度量差异，一般用于比较数据的大小及结构关系。

某企业管理者想了解和对比企业下属各子公司的产品收入情况时，可以使用柱形图来展示，如图 4-1 所示。横轴表示子公司，作为维度，纵轴表示各公司的产品收入，作为度量。

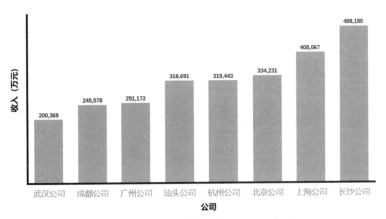

图 4-1　按子公司分析产品收入-柱形图

条形图和柱形图属于同一类型的图，两者本质上没有区别。将柱形图横轴和纵轴进行切换，横轴表示各公司产品收入，纵轴表示子公司，柱形图即可转换成条形图，如图 4-2 所示。

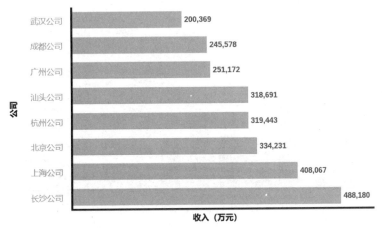

图 4-2　按子公司分析产品收入-条形图

条形图/柱形图可通过故事生成器的"统计图方向"选项进行切换。选择"水平"选项，统计图将显示为条形图，选择"垂直"选项，统计图则显示为柱形图，如图4-3所示。

图4-3　条形图/柱形图的切换

（2）柱形折线组合图

柱形折线组合图用于显示两个度量之间的关系。某企业管理者想对比企业下属各子公司的产品收入、目标和目标完成率，可以使用柱形折线组合图，如图4-4所示。组合图直观地展示了各子公司的产品收入目标达成情况，方便企业管理者及时掌握各子公司的经营状态，管理者可对经营状况差的子公司在管理上和资源上进行干预和决策。

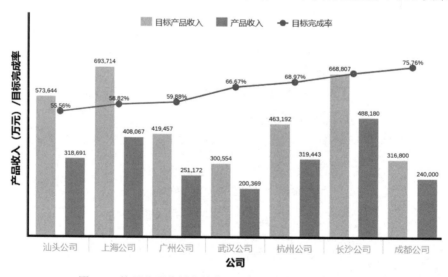

图4-4　按子公司分析产品收入目标完成率-柱形折线组合图

柱形折线组合图的设置：需要显示为柱形的度量放置在"列轴"区域，需要显示为折线的指标放置在"行轴"区域，如图4-5所示。

图4-5　柱形折线组合图指标显示的设置

（3）堆叠柱形折线组合图

堆叠柱形折线组合图用于纵向比较多个度量在维度间的关系，也可加上折线展示度量间的比率。

某企业管理者想对比企业下属各子公司的毛利率情况，堆叠柱形折线图可以较为直观地展现成本和毛利的占比，如图4-6所示。

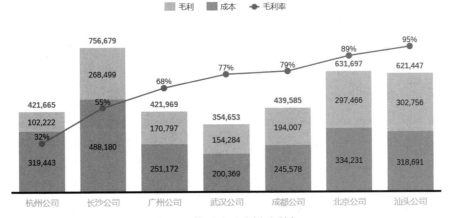

图4-6　按子公司分析毛利率

（4）堆叠条形/柱形图

堆叠条形/柱形图类似于条形图/柱形图，但它的展示形式为堆叠，即多个度量在同一根柱子上。堆叠条形/柱形图还可以显示合计项，直接体现各个度量间的差异。

某企业管理者想对比企业下属各子公司的不同产品系的销售收入，可使用堆叠图，最上面的数值代表合计数值，如图4-7所示。

图4-7　按子公司分析各产品系的销售收入

堆叠条形/柱形图的设置：将需要区分颜色的维度添加到"颜色"区域，可以在"统计图方向"设置指标展示方向，"垂直"为柱形，"水平"为条形，如图4-8所示。

图4-8　堆叠条形/柱形图设置

（5）瀑布图

瀑布图可以直观地展示数据的变化过程，显示度量随时间的变化产生的正负变化。

某企业管理者想分析企业的产品收入和时间变化的关系，并展示最终累计结果，瀑布图是一个不错的选择，如图4-9所示。

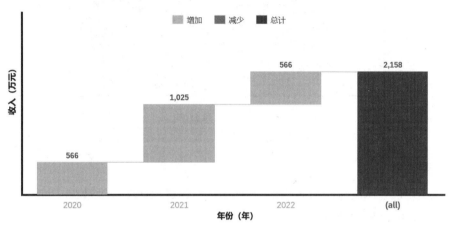

图4-9　分析各年产品收入

2.趋势图

趋势图可以反映度量随时间发生的变化，常用以观察度量的发展趋势和转折点。趋势图的维度可以是年、月、日等连续性时间，也可以是自定义的时间。

（1）堆积面积图

堆积面积图可以展示多个类别或者多个变量的累积量或占比情况随时间而变化的程度，重点体现每个类别或者变量在总量中所占的比例。我们可以给不同的类别设置不同的颜色，通过该类别在图中所占的面积来表示截至当前时间段该类别的总值。人们通常使用堆积面积图的纵坐标刻度代表总值，堆积图上的折线点代表当前时间点的值。

某企业管理者想分析近3年企业的产品收入，可以通过查看各类产品在图中所占的面积大小，得出近3年杯盖的销售收入大于杯扣、杯扣的收入大于杯内胆的结论。同时，通过观察折线上的数据点，可以获得每一年各产品系的销售收入数据。我们可以看到，虽然杯盖产品在2020年与2022年销售情况较差，但2021年的销售情况非常好。企业管理者可以结合其他的分析内容来确定2021年杯盖销售好的原因，并以此为依据来制订下一步的销售、生产计划。图4-10展示的是按时间维度分析各产品系收入情况。

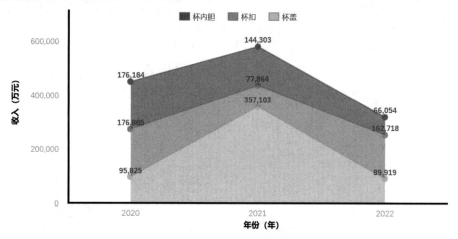

图 4-10 按时间分析各产品系收入情况-堆积面积图

（2）折线图

折线图可以显示度量随时间变化的连续数据，通过对比多个度量在时间线上的差异，从而展示指定时间段内数据的变化趋势。

某企业管理者分析企业近 3 年各产品收入的变化，使用折线图可以直观地看出杯内胆与杯扣销售收入 3 年来变化较为平稳，而杯盖的销售收入在 2021 年有较大的提升，如图 4-11 所示。

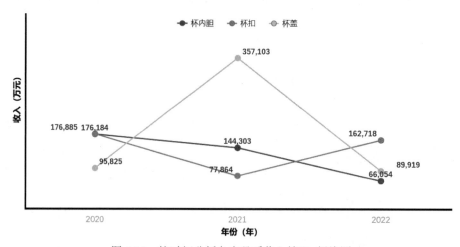

图 4-11 按时间分析各产品系收入情况-折线图

（3）时间序列图

时间序列图常用来展示某些变量一段时间内的数据变化趋势，我们可以选择不同时间段作为数据分析的维度。

　　企业管理者想分析企业产品的收入情况，可自由选择时间的层级和范围，通过手动选择序列图左上角的时间选项来确定想要查看的时间范围。SAP Analytics Cloud 默认提供距离当前时间最近的 1M（1 个月）、3M（3 个月）、6M（6 个月）、YTD（年初至今）、1Y（1 年）的时间选项，如图 4-12 所示。当滚动图下方的滑块时，我们可以切换不同的时间段，如图 4-13 所示。

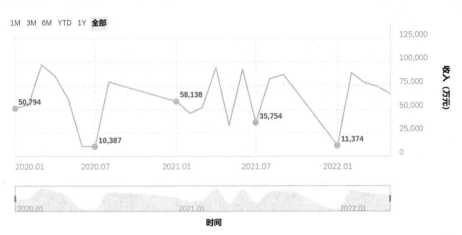

图 4-12　按时间分析产品收入-时间序列图

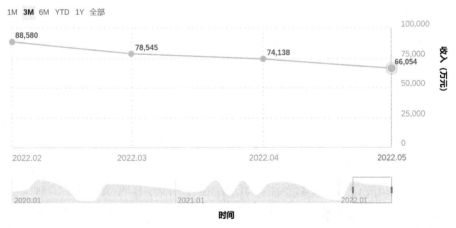

图 4-13　时间序列图时间变化

3. 分布图

分布图主要用来反映度量在维度中的分布情况。分布图的优势在于能凸显出维度的大小差异情况，同时反映维度在划分范围内的权重情况。

（1）箱线图

箱线图主要用来显示度量在聚合维度上的数据分布，根据四分位距（Interquartile Range，IQR）原则，我们可将聚合的维度分为：最小值、第一四分位数、中位数、第三四分位数和最大值。

某企业管理者分析企业下属各子公司不同产品的收入（如图 4-14 所示），杯盖产品收入的中间值为广州公司的 94,214 万元，第一象限为汕头公司的 89,919 万元，第三象限为成都公司的 95,825 万元，而上海公司的 204,751 万元和武汉公司的 58,138 万元在 IQR 计算结果之外，因此显示为"异常值"。统计图中的上箱须和下箱须由 IQR 法则自动计算得出。

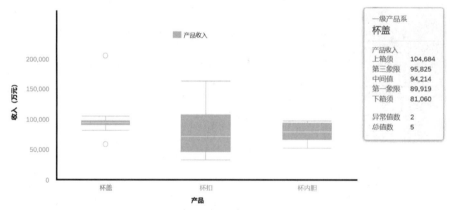

图 4-14　分析各子公司各产品系的销售收入-箱线图

（2）热图

热图通过将度量的数值大小按色阶排列，可以直观地呈现数据，数据之间的对比也更明显。

某企业管理者通过热图分析企业下属子公司各产品销售收入（单位：万元）情况，如图 4-15 所示。我们可以看到，上海公司的杯盖、汕头公司的杯扣在图中的位置颜色较深，表明这两家子公司相应的产品销售情况较好。

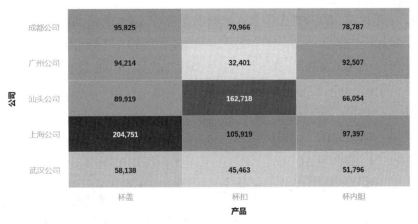

图 4-15　各子公司各产品系销售收入-热图

通过"颜色"选项，我们可以设置色阶颜色以及色阶深浅排列，如图 4-16 所示。

图 4-16　热图的设置

（3）直方图

直方图可以用来定量地比较维度间的数据差异。其原理是按维度把度量的最大和最小值求和后平均成 N 个箱子，再计算各个箱子内的维度所占个数，从而了解数据的分布情况。

某企业管理者分析企业下属子公司的产品收入，可以在产品收入的最大、最小值范围内划分出 5 个区间，再观察各个收入区间内子公司数量的分布情况，如图 4-17 所示。

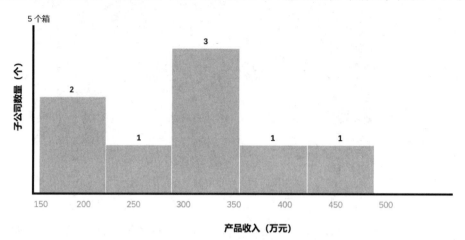

图 4-17　分析各子公司产品收入情况-直方图

我们可以通过"箱属性"选项来设置区间的个数，如图 4-18 所示。若我们勾选"动态设置值范围"，则意味着区间的最大值、最小值会跟随实际数据的变化而变化，如不勾选，我们需手动设置最大值和最小值。当我们完成设置后，最大值和最小值则不会发生变化了。

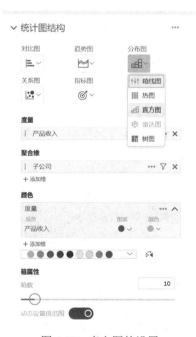

图 4-18　直方图的设置

（4）雷达图

雷达图可以用于显示维度的权重分布，其度量通常由内向外递增，可以直观地显示维度的大小差异。

某企业管理者想分析企业下属子公司各产品的销售收入（单位：万元），可以借助雷达图，如图 4-19 所示。通过雷达图，我们可以看出，武汉公司 3 个产品系的销售情况比较平均，而汕头公司的杯扣产品、上海公司的杯盖产品，在销售上有比较大的优势。

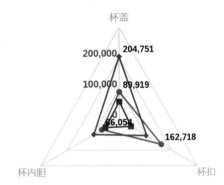

图 4-19　分析各子公司产品收入情况–雷达图

（5）树图

树图是按色阶和面积排列来显示度量数值大小的，这种显示方式可以使数据的呈现更直观、对比更明显。树图和热图的区别在于，树图常用于单维度比较，且呈现的方块面积大小不同。

某企业管理者想要分析企业下属子公司的销售收入、毛利（单位：万元）情况，可以借助树图进行，如图 4-20 所示。通过树图，我们可以看出上海公司的销售收入以及毛利都是最高的。

树图的常用设置：在"大小"区域设置需要按图形大小显示的度量，在"颜色"区域设置需要按色阶显示的度量，如图 4-21 所示。

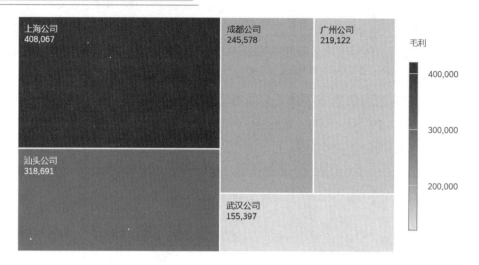

图 4-20　分析各子公司产品收入、毛利情况-树图

图 4-21　树图的设置

4. 关系图

关系图常用来展示多维度数据之间的关系，当我们想快速了解数据的流向时，关系图就是一种不错的展现方式。

（1）气泡图

气泡图常用于展示 3 个度量间的变化关系。

　　某企业管理者想要分析企业的成本、毛利和毛利率之间的关系，就可以借助气泡图，如图 4-22 所示。通过气泡图，我们可以直观地看出该企业的成本在 32 万元左右时，企业的毛利、毛利率最大；以 32 万元作为一个临界值，低于临界值时，随着企业成本的升高，毛利和毛利率也会提高；高于临界值时，随着企业成本的升高，毛利和毛利率反而会降低。

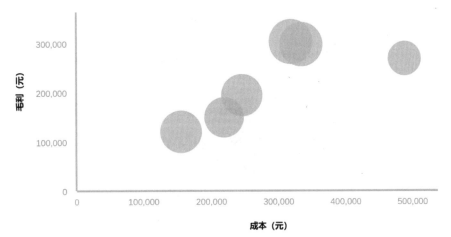

图 4-22　分析成本、毛利、毛利率之间的关系-气泡图

　　气泡图的设置：在 X/Y 轴设置需要展示的度量，在"大小"区域设置气泡大小代表的度量，在"维"区域设置每个气泡所代表的维度，如图 4-23 所示。

图 4-23　气泡图的设置

（2）簇气泡图

簇气泡图可以用来显示两个维度间的度量值分布，将数据映射到气泡的面积大小来观察数据的差异。我们可通过单击气泡展示悬浮窗来查看详细数据。

某企业管理者想要分析企业下属子公司不同产品系的分布情况，可以借助簇气泡图，如图4-24所示。我们可以直观地看出上海公司的产品收入（单位：元）最高，通过悬浮窗可以看到，上海公司收入最高的产品系为杯盖。

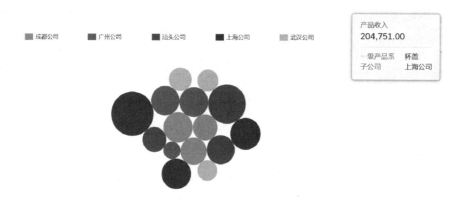

图4-24　分析各子公司产品系收入情况-簇气泡图

（3）散点图

散点图常用于展示两个度量间的变化关系。某企业管理者分析企业下属子公司的成本、毛利之间的关系，可以借助散点图，如图4-25所示。我们可以看出子公司的成本在32万元左右时毛利达到最大；以32万元作为临界值，当低于临界值时，随着成本的升高，毛利会增加；当高于临界值时，随着成本的升高，毛利反而会减少。

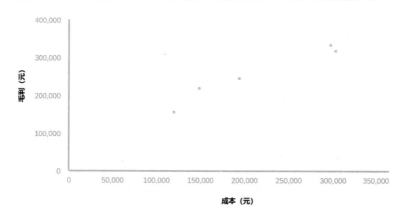

图4-25　分析成本、毛利之间的关系-散点图

5．指标图

（1）子弹图

子弹图可以用于展示指标的目标完成进度，也可以用于对指标进行范围预警。

某企业管理者分析企业下属子公司的收入（单位：元）情况，可以使用子弹图，并提前设置好预警范围，如图4-26所示。我们可以看出武汉公司的产品收入严重不达标，广州公司和成都公司的产品收入离达标还有一定的差距，北京公司和汕头公司的产品收入符合预期。该管理者可以据此进行销售策略或者目标的调整。

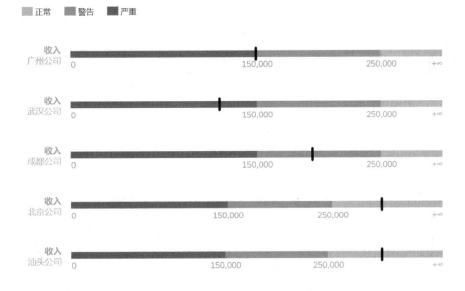

图4-26　各子公司产品收入分析-子弹图

我们可以在"颜色"选项中添加阈值，用来设置子弹图的预警颜色和预警范围，如图4-27所示。

（2）数值点图

数值点图可以用于显示度量的总数，还可以通过设置阈值来决定数值是否显示高亮，高亮表示数值超过预警值进行预警。

某企业管理者通过数值点的形式来展示企业下属子公司的收入总数（单位：元），如图4-28所示。

统计图结构
对比图
趋势图
分布图
关系图
指标图
更多
子弹图
22 数值点
度量
收入
+ 添加度量
维
子公司
+ 添加维
颜色
收入

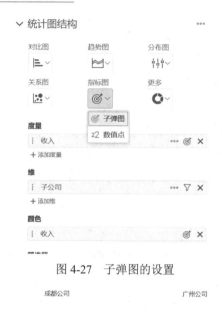

图 4-27　子弹图的设置

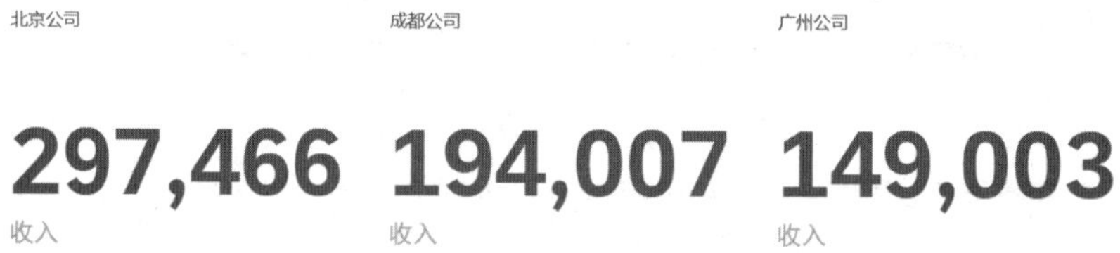
北京公司
成都公司
广州公司
297,466
194,007
149,003
收入
收入
收入

图 4-28　子公司的收入总数-数值点图

6. 其他

（1）环形图

环形图可以显示维度占度量总数的百分比，所有的维度合计为 100%。

某企业管理者通过环形图分析企业下属子公司的收入占比，如图 4-29 所示。通过环形图，我们可以直观地看出占环面积越大的分公司收入越高。

（2）Marimekko 图

Marimekko 图是一种二维堆积图，其方形的高、宽分别展示两个度量，面积代表两个度量的积。

某企业管理者想要分析企业下属子公司产品的收入情况，可使用 Marimekko 图，设置高为销售数量（单位：个）、宽为平均单价（单位：元），这样便能直观地看出各子公司销售数量、平均单价以及产品收入情况，如图 4-30 所示。

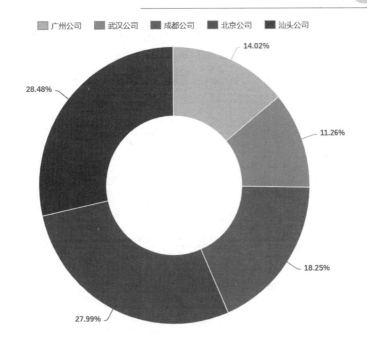

图 4-29　子公司的收入占比-环形图

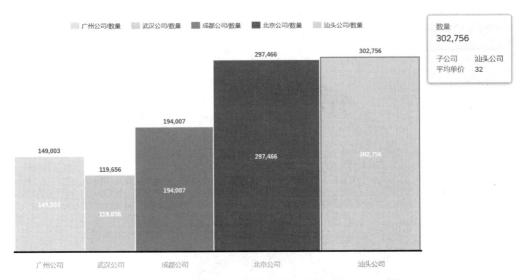

图 4-30　分析各子公司产品收入情况-Marimekko 图

我们可以在"宽度"和"高度"选项中设置需要显示的度量,如图 4-31 所示。

图 4-31　Marimekko 图的设置

（3）饼图

饼图用于显示各维度占度量总数的百分比，所有的维度合计为 100%。

某企业管理者分析企业下属子公司的收入占比，便使用了饼图，如图 4-32 所示。子公司的收入占饼面积越大，则表示该子公司的收入越高。

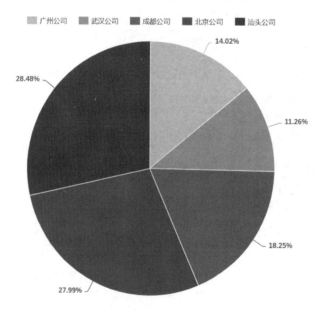

图 4-32　子公司的收入占比-饼图

4.1.2 数据可视化——表格 ●●●●●

统计图是以图形的方式来展现数据，这种方式可以直观、生动地展示数据，让用户能快速了解并掌握数据所反映的情况。表格则是以二维表的方式来展现明细的数据，这种方式展示的数据简明、清晰，便于用户检查数据的完整性和准确性。

SAP Analytics Cloud 既提供各种不同类型的统计图，也提供功能强大的表格。用户可以根据不同使用场景的需要选择不同的表格，充分利用表格的特点和功能来制作合适的报表，从整体和明细的角度完整地呈现数据。

根据故事类型的不同，SAP Analytics Cloud 中的表格的使用方式以及功能也有一定的差异。主要的差异体现在是否需要创建模型、能否创建输入控件、在页面中如何定位等方面。详情见表 4-2。

表 4-2　故事类型的区别

类　　型	是否需要创建模型	能否创建输入控件	页　面　定　位
画布	需要创建模型，拖入字段显示内容	能	跟随微件位置移动
响应页面	需要创建模型，拖入字段显示内容	否	跟随微件位置移动
网格	可以使用模型或者手动键入（包含文本或公式等内容）	否	通过添加行、列来改变位置

1. 基于画布/响应页面使用表格

表格作为功能组件的形式之一，可以在任何的故事页面中进行添加使用。下面将详细介绍如何将"表格"添加到故事的画布/响应页面中。

（1）在已新建的画布/响应页面，单击菜单栏上的"表格"图标（如图 4-33 中"1"所示）插入表格。首次创建表格，页面会显示弹窗，要求用户选择一个模型作为该表格的数据源。

（2）选择完数据源以后，该数据源的名称会在"设计器"—"生成器"中显示（如图 4-33 中"2"所示），本实例中"产品收入"为已选中的表格数据源。如需进行修改，则可单击数据源名称右侧的数据源图标来切换新的数据源。

（3）单击页面右上角"设计器"按钮，弹出表格设计器，可对表格进行编辑，下面重点介绍 3 个选项。

① "将总计/父节点放在下方"选项。如果勾选这一选项，则表示带层级结构的行会

将总计显示在下方。否则，总计将默认显示在上方。

②"行"选项。从数据源中选择维度作为表格的行（如图 4-33 中"3"所示）。

③"列"选项。系统会自动选择数据源中的"Account"作为列，可在"筛选器"中选择"Account"包含的指标（如图 4-33 中"4"所示）。选完以后，表格中将显示出相应的指标数。

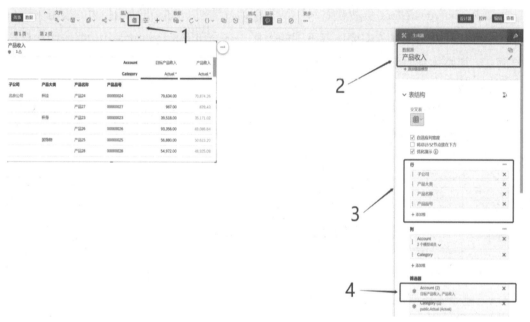

图 4-33　画布/响应页面中的表格应用

2．基于网格页面使用表格

画布/响应页面中的表格以组件的形式存在。表格组件独立展示在画布中，并不影响向画布中添加其他组件。而在基于网格的页面中使用表格时，表格可以与网格的单元格联动。下面介绍如何在基于网格的页面中添加表格。

（1）新建网格页面，单击菜单栏上的"表格"图标（如图 4-34 中"1"所示）插入表格。首次创建表格，页面会显示弹窗，要求用户选择一个模型作为该表格的数据源。

（2）单击菜单栏"数据"下方的按钮，可发布或者还原计划模型的数据（如图 4-34 中"2"所示）。

（3）单击页面右上角"设计器"，弹出表格设计器，可对表格进行编辑。"将总计/

父节点放在下方"选项、"行"选项、"列"选项的设置和基于画布/响应页面使用表格中的相关设置一样。通过设置"筛选器"选项，可以自动显示当前表格行列的筛选值，也可手动修改。

（4）当我们需要在网格中写入公式，并且引用的是表格的单元格（如图 4-34 中"5"所示），在单元格 F6 输入公式"=E6"，该单元格将显示表格中 E6 的值。

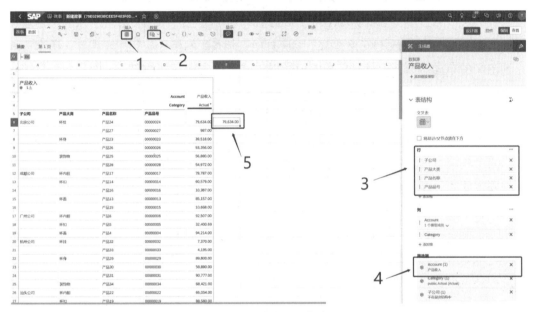

图 4-34　网格中的表格应用

4.1.3　设置故事 ●●●●

企业管理者应如何在 SAP Analytics Cloud 中讲好故事，从而更好地进行决策？笔者总结了一套完整的关于设置故事的方法论。

本小节从创建故事、故事布局、故事管理等方面入手，对这个方法论进行详细的描述。我们要明白，学会写故事、讲故事是熟练使用 SAP Analytics Cloud 的关键。

1. 创建故事

创建故事是 SAP Analytics Cloud 可视化的基础。我们可以把故事当作用来加载统计图、表等数据分析对象的一个容器，这个容器有响应页面、画布、网格、从智能发现等类型（见表 4-3），我们可以根据需要选择其中一种类型作为创建故事的基础。

表4-3　故事的页面类型和说明

页 面 类 型	说　　　明
响应页面	多种分辨率布局，图表的大小可调整但不可重叠
画布	PC端自定义布局，图表的大小可调整且可以重叠
网格	类似Excel单元格布局，可向网格添加数据或公式等内容，也可插入表格
从智能发现	依据模型内容挖掘其业务信息，自动生成故事

我们可以通过单击SAP Analytics Cloud右侧"导航栏""故事"菜单进入故事创建页面，如图4-35所示。故事的类型除了响应页面、画布、网格、从智能发现等，还有一种是预定义的布局页面，也就是模板。模板提供的是预先定义好的布局页面，我们只需要在页面中插入相应的图表和数据即可，不需要对故事页面进行设计。我们也可以通过拖拽现有图表组件的方式对模板进行调整。

下面将对故事页面的类型进行详细说明。

（1）响应页面。响应页面可通过创建响应通道来划分区域，每块区域内可添加多个存在固定间距且互不重叠的微件，区域的大小也会随着微件的大小进行自适应调整。通过"设备预览"可选择不同分辨率，模拟页面在不同设备中的展现效果。

（2）画布。我们可以把画布想象成一张白纸，在白纸上，我们可以画画、写字、拼图等，最大限度地发挥自己的想象力。我们可以在画布上布置统计图、表、地理地图、图像和其他可视化对象，从而来分析、演示数据。另外，在画布中添加的微件是可以重叠的，这使得画布的排版更加灵活。

（3）网格。网格是以单元格的形式展示的。用户可手动向空单元格中输入数据，也可以基于现有模型添加数据。由于表格组件是嵌在网格页面上的，因此单元格元素之间可互相引用。

（4）从智能发现。系统通过内置算法来协助用户分析数据，根据用户提供的数据和设置的目标、分析维等信息，系统会自动生成一个故事。

（5）模板。模板包含用户预先设置好的格式、内容，可以帮助用户更快地生成故事，这样用户就不用从空白故事开始重新构建故事的页面布局。

2．故事导航

SAP Analytics Cloud提供了丰富的统计图、表格等数据可视化的图表组件，前面介绍了如何通过"创建故事"将这些图表组件按照我们想要的布局方式展示出来。接下来将介绍能将以上一系列内容贯穿起来的"引线"——故事导航。

通过 SAP Analytics Cloud 首页的"主页导航",我们能进入故事功能模块。位于故事功能模块顶部的工具栏也就是"故事导航",其主要用于引导用户更好地使用故事模块的功能。故事导航分为"故事"和"数据"两大工具栏,如图 4-35 和图 4-36 所示。

图 4-35　工具栏收起的标题

图 4-36　工具栏展开的标题

下面介绍故事导航栏的"故事"工具栏和"数据"工具栏一些选项的具体功能。

(1)"故事"工具栏

① 文件

如图 4-37 所示。

"故事详细信息":用于展示当前所选故事的名称、说明、图像等详细信息。

"首选项":用于故事的初始化设置,包括"页面设置"和"磁贴设置"。

"查询设置":通过设置查询条件,便于用户快速查询数据模型。

"智能洞察设置":用于设置"智能洞察"功能的主要贡献因素。

如图 4-38 所示。

图 4-37　文件

图 4-38　保存

"保存":用于保存当前故事。

"另存为":可将当前故事保存为另一个故事。

"另存为模板":可将故事保存为一个模板。

"导出":用于将当前故事文件导出为 PDF 或 PPTX 类型的文件。

"转换为优化设计体验"：需要注意，转换后无法恢复经典设计模式。

"启用优化查看模式"：开启后将缩短故事的加载时间。

如图 4-39 所示。

"复制"：用于复制选中微件。

"复制到"：用于将选中微件复制到其他页面。

"拷贝"：用于将选中微件直接拷贝到本页面。

"粘贴"：用于将复制的微件粘贴到相应页面。

"仅粘贴总体值"：表示只粘贴单元格的值，不带公式。

如图 4-40 所示。

图 4-39　复制粘贴

图 4-40　共享

"共享"：用于共享该故事给其他用户。

"发布到目录"：用于将故事发布到主屏幕的目录。

② 插入

如图 4-41 所示。

图 4-41　插入

"统计图（ ⤒ ）"：用于插入统计图到故事中。

"表（ ▦ ）"：用于插入表到故事中。

"输入控件（ ⚏ ）"：用于插入控件到故事中。

"添加"（ + ）：用于插入其他微件，如"地理地图""区段""图像"等。

③ 更多-工具

如图 4-42 所示。

图 4-42　更多（工具）

"故事筛选器/提示"：故事级别的过滤器，即全局过滤器。

"公式栏"：打开这个工具，可用于写入单元格公式。

"统计图数级调整"：可为统计图中的指标设置统一的数级。

"条件格式设置"：用于设置指标的阈值，并可根据阈值分配不同的颜色。

"智能发现"：通过选择的度量、维及筛选器所选内容，系统自动生成故事页面。

"分配与分摊"：可通过配置分配分摊的方式，指定指标按照配置的方式进行计算（仅限计划模型）。

"版本管理"：可用于对模型的数据进行版本管理，主要包括复制、选择版本等操作功能（仅限计划模型）。

"拟合预测"：可对度量进行选定维度的预测，测算的算法有"自动预测""线性回归"和"三次指数平滑法"（仅限计划模型）。

"值锁定管理"：可通过选择表或单元格，对指定的指标值进行锁定，锁定后该值将不受分摊算法的影响。

"对选定单元格打开或关闭只读"：用于锁定单元格为只读，不可修改。

"单元格引用和公式"：用于链接两个单元格，使两者的值保持一致。

④ 数据

如图 4-43 所示。

"发布数据"（ ⊟ ）：对计划模型进行修改后，用户可选择发布或还原数据。

"刷新"（ ↻ ）：用于刷新模型更新后的数据，可配置为自动刷新。

"编辑提示（ {} ）"：用于对模型的变量进行编辑和选择。

"链接维"（ ⊡ ）：通过维度链接两个模型。

"版本历史记录（ ⊙ ）"：用于记录计划模型的历史版本。

⑤ 格式

如图 4-44 所示。

图 4-43 数据

图 4-44 格式

"格式（ ⊟ ）"：用于设置故事布局，用户可自定义布局，也可选择预定或已发布的模板。

⑥ 显示

如图 4-45 所示。

图 4-45 显示

"留言模式（ ⊡ ）"：打开这个功能后可显示留言列表。

"检查（ ⊟ ）"：用于对图表进行网格式的数据检查。

"Explorer 查看模式（ ⊘ ）"：用 Explorer 模式加载图表。

（2）"数据"工具栏

① 文件

如图 4-46 所示。

图 4-46 文件

"故事详细信息"：用于展示当前所选故事的名称、说明、图像等详细信息。

"首选项"：用于故事的初始化设置，包括"页面设置"和"磁贴设置"。

"查询设置"：通过设置查询条件，便于用户快速查询数据模型。

"智能洞察设置"：用于设置"智能洞察"功能的主要贡献因素。

② 模式

如图 4-47 所示。

"数据发掘（ ▦ ）"：以统计图的方式预览展示数据。

"网络视图（ ▦ ）"：以二维表的形式预览展示数据，仅限数据集。

③ 数据

如图 4-48 所示。

图 4-47 模式

图 4-48 数据

"添加新数据（ ❖ ）"：用于给故事添加新的模型。

"编辑提示（ {} ）"：用于对模型的变量进行编辑和选择。

"链接维（ ⬚ ）"：用于通过维度链接两个模型。

"版本历史记录（ ▱ ）"：用于记录计划模型的历史版本。

④ 显示

"显示/隐藏"：选择该功能后，通过勾选相应的度量和维度，来实现内容在数据页面的显示或隐藏，如图 4-49 所示。

图 4-49　显示

"构面排序"：可通过勾选显示的维度来选择数据排序的方式，如图 4-50 所示。

图 4-50　构面排序

以上便是故事导航栏两大主要的工具栏"故事"工具栏和"数据"工具栏的常用功能介绍。在故事开发的过程中，我们会经常应用到这些功能。熟练掌握这些工具的功能，将有助于提高我们的开发效率。

3. 故事首选项

我们往往想制作出令人印象深刻的故事，想要实现这个目标其实并不难，熟悉 SAP Analytics Cloud 的初始化设置，我们就能很轻松地实现自己想要的效果。下面将详细介绍"故事首选项"的设置。

我们可以通过设置故事首选项来设置页面的尺寸、字体的大小及颜色等格式。我们可以点开"故事"工具栏中的编辑选项，选择"首选项"进行设置，如图 4-51 所示。

（1）页面设置

页面设置包括响应页面设置和画布页面设置。

① 响应页面。在该选项中，我们可以设置页面的背景颜色，也可以设置页面的大小，SAP Analytics Cloud 提供信函、法律文书、B4、B5 等页面大小选项供用户选择，用户也

可以通过输入自定义的宽度和高度来设置页面大小。

图 4-51　故事首选项设置

② 画布页面。在该选项中，我们可以设置页面的背景颜色及网格间距，也可以选择是否开启标题，并对开启后标题的格式、大小等进行设置。

（2）磁贴设置

磁贴设置用于对故事中的可视化对象进行默认设置，详细设置选项以及其对应功能见表 4-4。

表 4-4　磁贴设置的详细设置选项及其对应功能

选　项	设　置　项	功　　能
统计图/ 地理图	默认磁贴背景	设置故事中的统计图磁贴的默认背景颜色
	默认文本	设置故事中统计图磁贴的默认字体和文本颜色
	默认调色板	设置故事中统计图和地理地图的默认调色板
	标准	所有样式设置选项中可用的颜色
	连续	其范围基于任意数量的颜色
	发散	其范围基于 3 种不同颜色。可以设置左、中和右值的颜色，通常使用中性颜色表示中心值
	顺序	其范围基于两种不同颜色。只能选择结束值来更改颜色
	其他颜色选项	设置地理图单个颜色、地理兴趣点、地理簇、瀑布标准、无颜色等的默认颜色
	默认轴线颜色	设置故事中统计图的默认轴线颜色
	默认磁贴背景	设置故事中的文本磁贴选择默认背景颜色

续表

选 项	设 置 项	功 能
表	默认文本	设置表磁贴中文本的默认字体和文本颜色,包括"所有文本""标题"和"子标题"
	默认样式设置模板	设置样式模板
	默认阈值样式	设置阈值默认格式
	符号（默认）	设置阈值范围使用的符号和颜色
	值涂色	设置阈值颜色应用到单元格的默认数值
	背景涂色	设置阈值颜色应用到单元格的默认背景
	背景涂色,无值	设置阈值颜色应用到单元格背景并隐藏的默认数值
	默认磁贴背景	设置故事中文本磁贴的默认背景颜色
文本	默认文本	设置故事中文本磁贴的默认字体和文本颜色
	默认磁贴背景	设置故事中文本磁贴的默认背景颜色
标题	默认文本	设置故事中标题磁贴的默认字体和文本颜色
	默认磁贴背景	设置故事中标题磁贴的默认背景颜色
形状	默认磁贴背景	设置故事中输入控件磁贴的默认背景颜色
输入控件	默认文本	设置故事中输入控件磁贴的默认字体和文本颜色
	默认磁贴背景	设置故事中其他磁贴的默认背景颜色
其他	默认文本	设置故事中其他磁贴的默认字体和文本颜色

4. 故事布局

想要讲好故事,我们要先学会写好故事。好故事的编写是从构建基础框架开始的。在 SAP Analytics Cloud 故事中,进行画布的样式设置,就是构建故事基础框架的开始。待画布的样式设置好之后,我们就可以往画布中添加所需图表,进而完善故事的内容。

画布的样式设置分为四大类:画布、网格、页面大小、页面布局,如图 4-52 所示。创建故事之后,我们可单击画布面板右上角的"设计器"按钮,设计器展开后,我们可以选择"样式设置"进入画布的样式设计页面。

（1）画布。主要用于设置背景颜色（如图 4-53 所示）,默认值为"无色",可设置背景的"不透明度"（范围:0% ~ 100%）、RGB 及 HSV 色彩。

（2）网格。有"显示网格""对齐到网格"和"对齐到对象"3 个选项。"显示网格"功能用于显示画布上的网格,另外两个对齐选项用于将微件对齐到背景网格或对象,从而使微件在画布上排放整齐。

（3）页面大小。SAP Analytics Cloud 提供"动态"和"固定"两种设置页面大小的方法。

"动态"方式:页面的大小随微件的大小而变化,即如果添加的微件占位大于画布的长宽，画布会自动扩展长宽。

图 4-52　画布的样式设置类别

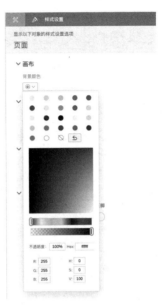

图 4-53　设置背景颜色

"固定"方式：可设置页面的固定尺寸，如"A3""A4"等，或者手工输入分辨率 1920 像素 × 1080 像素，最小尺寸为 512 像素 × 384 像素。

我们还可以设置其他的属性来控制页面大小，如图 4-54 所示。

图 4-54　页面大小的设置

"方向"：用于设置页面为纵向或横向布局；

"连续高度"：勾选后，当前页面的高度将不受限制，仅固定宽度。

"页面适合网格"：勾选后，页面的宽度和高度将自动更新，使其与网格对齐。

（4）页面布局。主要用于对页面的页眉和页脚进行设置，也可针对固定画布进行边距的调整。

"页眉/页脚"：页眉、页脚的开关开启后，页面将生成专用于页眉和页脚的附加区域，用户可以根据需要对页眉和页脚区域设定不同的格式。当我们想要编辑页眉/页脚的大小时，可单击边框并上下拖动鼠标。页眉/页脚区域中仅允许使用"文本""图像""形状"和"时钟"微件。需要注意的是，微件在被添加到页眉/页脚区域后会自动调整大小，以确保其能正常显示。

"边距"：此功能仅可以在固定页面中使用，边距可设置为不可见、正常、窄或宽。

5. 故事变量

在 SAP Analytics Cloud 中，我们可以通过故事页面向模型传输一组变量，模型在获取变量值后进行计算，再返回数据给故事页面进行展示使用。

故事变量的使用是有前提条件的，模型必须创建变量，随后才可在故事中设置变量。用户使用此模型的数据源首次创建统计图或表时，系统会弹出提示。用户在弹窗设置变量后，键入的信息将被使用同一个模型数据源的所有表和统计图使用。如果我们勾选了"打开故事时自动打开提示"，那么故事每次被打开时，系统会自动弹出"设置变量"的对话框，方便我们查看和修改变量值。

如果需要修改故事变量，我们可以通过工具栏的"数据"模块，选择"编辑提示"，选择带有变量的数据源。

设置完成后，我们可以通过"故事筛选器""变量"将变量添加到故事筛选器，以便查看变量。

创建变量的示例如图 4-55 所示。

创建变量的公式如图 4-56 所示。

当我们打开使用了带变量的模型的故事时，系统会弹出如图 4-57 所示窗口，要求我们输入参数值。

如图 4-58 所示，位于下方的指标 BL 获取到输入的变量值，并通过定义的算法计算出了最终结果，并显示在故事页面。

图 4-55　创建变量的示例

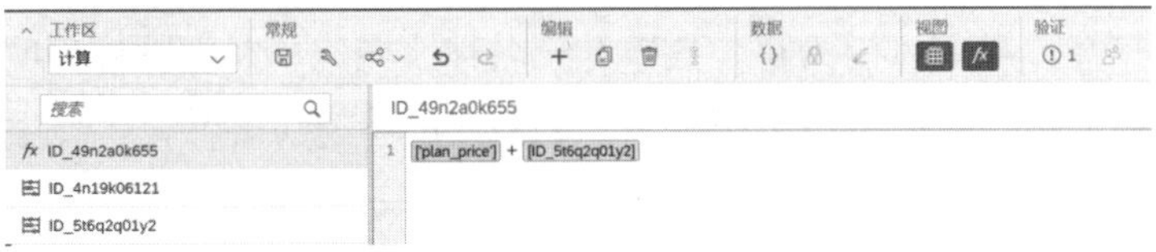

图 4-56　创建变量的公式

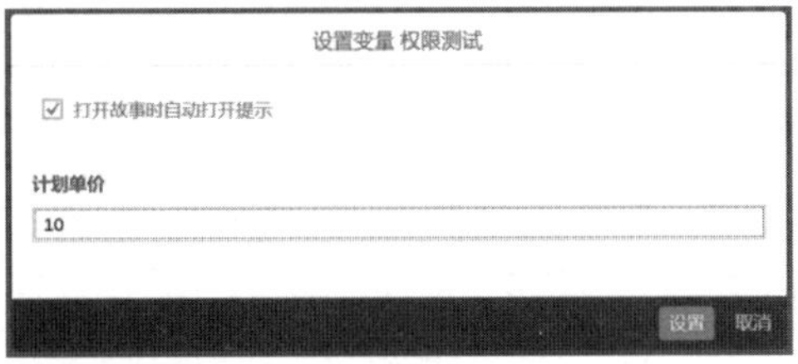

图 4-57　输入参数值窗口

13,023,648.00
BL

13,023,658.00
BL

图 4-58　输入变量前后对比值

　　模型的变量可应用于整个故事中的所有图表,同样也可以应用在具体的某个图表上。在故事页面创建的图表后会有一个"{}"的标志,单击后,系统将弹窗供用户设置。我们可以选择图表的变量是"使用故事变量"或需要单独"设置统计图变量",如图 4-59 所示。

图 4-59　使用故事变量或设置统计图变量

6. 管理故事

在完成故事的页面开发后，我们需要完善故事管理相关的功能，以便更好地使用故事。

故事的管理可从 3 个方面入手：故事信息、故事归属、故事权限。

（1）故事信息。我们可以为每个故事补充名称、概览、封面图像等明细信息，也可设置故事所属的领域、行业及语言版本等，如图 4-60 所示。

图 4-60　故事的详细信息

具体操作步骤为：首先，从主菜单"文件"中选中故事，单击"编辑"按钮；其次，故事打开后，可通过"编辑故事""显示详细信息"进入编辑页面进行信息的修改。

（2）故事归属。指的是设置故事文件的存放目录。我们可以通过复制、移动操作将故事存放到别的目录下。

具体操作步骤为：首先，从主菜单"文件"中选中故事；其次，单击"复制到"进行故事的复制；最后，单击"文件夹操作"—"移动到"完成故事的移动，如图 4-61 所示。

图 4-61　将故事复制到新文件夹

（3）故事权限。当我们想要将制作完成的故事共享给其他用户查看时，可通过 SAP Analytics Cloud 提供的"共享故事"功能来实现。故事共享给指定的团队或用户后，他们就可以查看或者编辑该故事。

具体操作步骤为：首先，从主菜单"文件"中选中故事；其次，单击"共享"即可对故事进行共享设置，添加用户或团队后，选择其对故事的访问权限；最后，单击"共享"按钮完成操作，如图 4-62 所示。

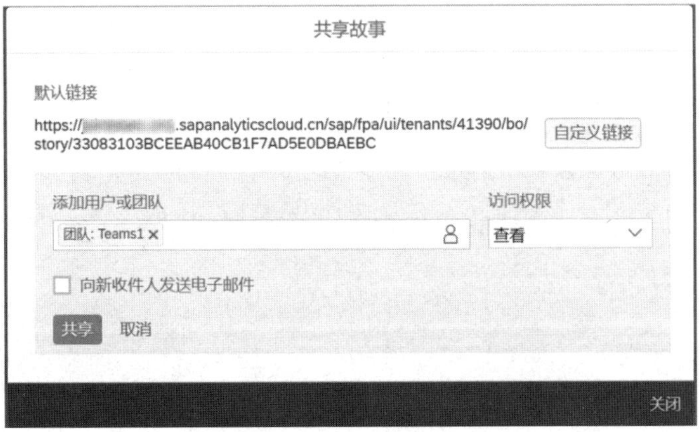

图 4-62　故事的共享权限设置

4.1.4　故事扩展 ●●●●

在完成添加图表或地图等组件、绑定模型数据、设置故事页面布局等一系列操作后，我们即可勾勒出故事的大体轮廓。但想要呈现出一个完美的故事页面，我们还需要做进一步的细化。本小节主要介绍故事扩展的相关内容，以使故事更加"生动"。

1. 故事扩展

我们可以向故事中添加"统计图""表""地理地图"等可视化对象，还可以添加"图像""形状"等微件。这样呈现出来的故事内容更为丰富，故事页面也更加美观。

（1）添加图像。我们可以向故事中添加来自本地的静态图像，也可以添加存储在远程数据库中的动态图像。需要注意的是，SAP Analytics Cloud 的移动应用程序暂不支持展示动态图像。

添加静态图像：单击"菜单栏"—"插入"—"图像"—"生成器"，选择"静态"，单击"上载图像"按钮，选择本地图像文件后，图片将保存在"图像库"中，单击该图像即可添加到故事中。

添加动态图像：我们需要提前准备包含 BLOB 数据列且存在唯一 ID 列的 HANA 视图模型。单击"菜单栏"—"插入"—"图像"—"生成器"，选择"动态"，然后添加准备好的模型，再通过映射图像字段即可将图像添加到故事中。

（2）添加形状。单击"菜单栏"—"插入"—"形状"，可以选择系统提供的标准形状，也可以从本地上传图形文件。需要注意的是，上传的文件必须是具有有效 XML 编码的 SVG 文件。

（3）添加文本。单击"菜单栏"—"插入"—"文本"，即可添加文本框。文本的类型有两种。

静态文本：即在文本框中直接输入文本内容。

动态文本：单击文本框旁边的"更多操作"—"动态文本"，可进行动态文本的内容设置。详细设置项如表 4-5 所示。

表4-5　动态文本详细设置

选　项	内　容	功　能
故事属性	当前用户	显示当前打开故事的用户
	当前时间	显示当前时间
	当前日期	显示当前日期
	上次修改日期	显示最后修改的日期
	上次修改日期/时间	显示最后修改的日期/时间
	上次修改者	显示最后修改故事的用户
	创建者	显示故事创建者
	页码	显示故事当前页码
维	/	显示选定维，可选择显示ID、说明。如果所选定的维包含层次结构，可以选择需要显示的层次结构以及层级
输入控件	/	显示指定输入控件当前内容
计算输入控件	/	显示指定计算输入控件当前内容
度量输入控件	/	显示指定度量输入控件当前内容
维输入控件	/	显示指定维输入控件当前内容
故事筛选器	/	显示指定故事筛选器当前内容
磁贴筛选器和变量	/	显示指定磁贴筛选器、变量当前内容。移动应用程序暂不支持显示
模型变量	/	显示指定模型当前变量内容
团队签名	/	显示团队签名，有权修改故事的人员的签名才能正常显示。当不属于团队的人员对故事进行修改时，动态文本会显示一条警告信息

（4）添加RSS阅读器。我们可以在故事中展示RSS源中的相关文章。单击"菜单栏"—"插入"—"RSS阅读器"，完成URL的输入后，RSS阅读器即可显示已发布RSS源的最新结果。我们还可以在生成器对RSS阅读器的显示内容进行设置。

（5）添加网页。我们可以将网页嵌入到故事中。单击"菜单栏"—"插入"—"网页"，完成添加标题和网页URL后，即可在故事中显示网页内容。网页内容可以是一篇文章，也可以是一个视频。需要注意的是，我们在使用"网页"微件时会存在一些限制，详细信息见表4-6所示。

表4-6　"网页"微件使用限制

限制类型	内　容
故事使用限制	视频内容不支持全屏模式查看
	故事中添加的网页无法导出成PDF
	单击"刷新"仅可恢复到在生成器中添加的URL的页面
DBR使用限制	在线会议期间不支持外部URL地址
	不支持视频内容

续表

限 制 类 型	内　　容
DBR 使用限制	只有会议组织者可以对添加的网页进行刷新、导航等操作
	会议参与者和会议组织者在动态页面上看到的网页的显示结果可能不同
	"网页"微件不支持滚动，需要提前调整好微件的大小以便查看
通用限制	将网页嵌入故事，网站必须授予对所有外部站点的访问权限或添加信任 SAP Analytics Cloud 域
	不支持使用者将另一个故事嵌入到网页微件中

（6）设置区段。我们可以改变报表的布局，将报表拆分为更小、更易于理解和管理的区域。每个区段可按维成员进行细分，并且可对区段内基于相同模型的微件按维成员进行筛选。我们可以单击"菜单栏"—"插入"—"区段"，选择数据源以及筛选维进行区段的设置。

2. 统计图扩展

前面我们介绍的扩展是面向故事全局的，下面我们主要介绍面向统计图的扩展。我们可以对每一个独立的统计图进行扩展，其主要内容有统计图的字段排序、显示名称/ID、同步色彩等。

SAP Analytics Cloud 故事的每一个图表，都有其对应的扩展菜单，菜单的内容主要有"排序""排名""链接分析"等。

选中具体的统计图，单击统计图右上角"更多操作"按钮，将弹出扩展菜单栏，如图 4-63 所示。通过这些设置，用户可以根据需要对统计图的数据做进一步的处理。

图 4-63　统计图的扩展菜单栏

（1）排序。用于对统计图内容的显示顺序进行设置。我们可对图中含有的维度和度量进行升序、降序或者自定义排序，如果需要对统计图中没有展示的维度或度量进行排序，我们可通过"高级排序"选项进行设置。需要注意的是，如果统计图是直连模型，我们不可对其进行高级排序设置。

（2）排名。通过确定数量、顺序等规则，对统计图数据进行排名。系统提供"前 5 项""后 5 项""前/后 N 项"选项供用户选择。

（3）链接分析。我们可以通过创建链接分析来连接多个统计图，当我们在一个统计图中通过筛选器筛选和钻取数据时，此筛选器将会作用于链接分析中包含的所有统计图。这样我们就可以在故事中同时更新多个统计图。

创建链接分析时，我们可以对连接的统计图的范围做出限制，如图 4-64 所示。

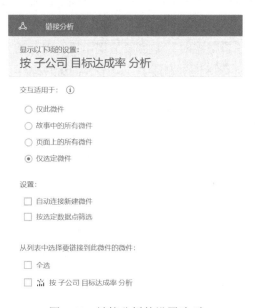

图 4-64　链接分析的设置选项

仅此微件：此选项为默认选项，表示对此微件进行筛选和钻取操作时，只会更新此微件。

故事中的所有微件：对此微件进行筛选和钻取操作时，故事中与此微件具有同一模型来源的所有微件将更新。

页面上的所有微件：对此微件进行筛选和钻取操作时，页面中与此微件具有同一模型来源的所有微件将更新；当所选微件是一个表时，就会显示此选项，选择该选项表示使用此表来控制页面中其他对象中显示的度量。

仅选定微件：对此微件进行筛选和钻取操作只会更新用户选定的微件。

自动连接新建微件：可将该链接自动连接到基于同一模型或链接模型创建的新微件。

按选定数据点筛选：根据单击的数据点来更新链接分析包含的微件。

（4）添加智能洞察。添加智能洞察即对统计图中包含的数据进行分析，并自动生成分析报告显示在统计图下方。添加智能洞察具体包含以下几种类型。

① 添加-阈值：用于为度量创建阈值，可以指定阈值是一个固定的值或一个范围。如果阈值是一个范围，我们可以输入上限和下限值，并设置在此范围内显示的颜色与图标。

② 添加-参考线：通过在统计图中添加标记线，我们在理解指标的情况时便有了参考值，这样能更好地分析和理解数据的含义。

参考线有两种类型：固定参考线，在行轴或列轴上创建参考线时，我们可以输入一个固定的参考值，此值便能在统计图内固定显示，不会随数据的变化而变化；动态参考线，在行轴或列轴上创建参考线时，参考值是基于任一度量的"最大值""最小值""平均值"创建的，此值会随着统计图内排名、排序、筛选等操作而重新计算。

完成参考线的创建后，我们可以对参考线的形状、颜色以及线上区域、线下区域的背景颜色进行设置。

③ 添加-预测：我们可以给统计图中的时间序列统计图和折线图添加预测功能。需要注意的是，统计图使用的数据源中需要有日期维。预测选项下还有自动预测和高级选项两项功能。

自动预测：系统根据内置算法对统计图数据进行预测，预测内容会生成用颜色标注的置信区域，鼠标移动至预测内容展示位置时会显示"预测值""置信上限""置信下限"。图 4-65 为某企业生产杯扣、装饰物的产品收入的时间序列图，实线为实际数据，虚线为系统根据算法自动生成的预测数据，最右侧标有颜色的区域为预测置信区域。

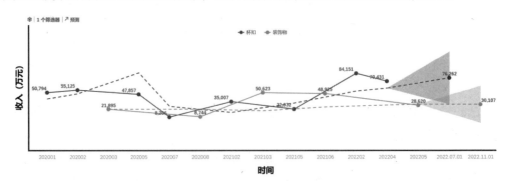

图 4-65 时间序列图-自动预测

　　高级选项：系统提供"线性回归""三次指数平滑法"两种预置算法来实现预测功能。当我们需要在时间序列图上添加预测时，可以选择"添加其他输入"，包括计算所得度量、度量输入控件等来自数据源的所有度量。

　　④ 添加-CGR：用于向统计图中添加复合年度增长率线（也称 GAGR 线）。需要注意的是，只有在选择条形图/柱形图或堆积条形图/柱形图时才能使用该功能，效果如图 4-66 所示。

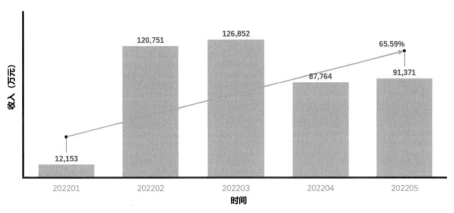

图 4-66　条形图/柱形图-CGR

　　如果更改了统计图中其他维的钻取级别，GAGR 线则会变成间断的，而非连续的。

　　⑤ 添加-误差条：用于向统计中添加误差条，用户可以通过误差条快速了解数据的差异。需要注意的是，只有在选择条形图/柱形图时该功能才能使用，效果如图 4-67 所示。

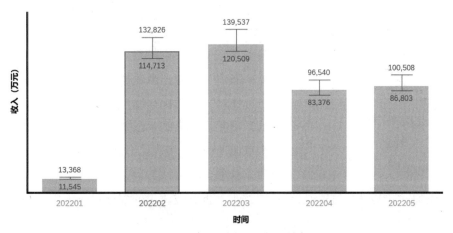

图 4-67　条形图/柱形图-误差条

误差条有两种形式：一种为固定值误差条，用于显示与数据系列中每个数据标记相关的可能误差量，可通过直接在设置界面输入误差上限值和下限值来设定；另一种为动态值误差条，可以帮助用户更加快速地掌握实际值与理想值的差。在设置页面，为误差上限值、误差下限值选择相应的度量即可。用户也可以对误差条的数据标签、线条的颜色与大小进行设置，详细设置如图4-68所示。

图4-68 误差条设置

⑥ 添加-工具提示：当用户将鼠标移动到统计图上时，会自动出现悬浮框用以展示鼠标所在数据点的信息。如果用户需要展示不包含在统计图中的账户、度量和维的信息，可以通过添加"工具提示"来实现。

SAP Analytics Cloud 提供"工具提示账户""工具提示度量""工具提示维"3种选项。

工具提示度量

╋ 添加度量

工具提示维

╋ 添加维

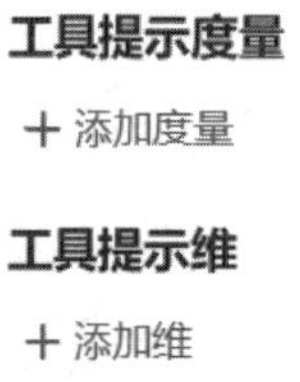

图4-69 工具提示添加度量、维

当数据源模型是"经典账户模型"时，用户可使用"工具提示账户"功能；当数据源模型是"新模型"时，用户可使用"工具提示度量"功能。单击需要添加的提示类型后，在需要展示这些内容的统计图"生成器"下将生成选项栏，用户单击添加相应的维或度量即可，如图4-69所示。

⑦ 添加-格图：格图是指将统计图按维度拆分成较小的统计图的集合。例如，一个按产品大类显示收入的条形统计图，我们可以给其添加"格图"，并在格图中添加"产品大类"维，原来的统计图将会拆分出多个小统计图，每个小统计图将按每个产品大类显

示产品收入，效果如图 4-70 所示。

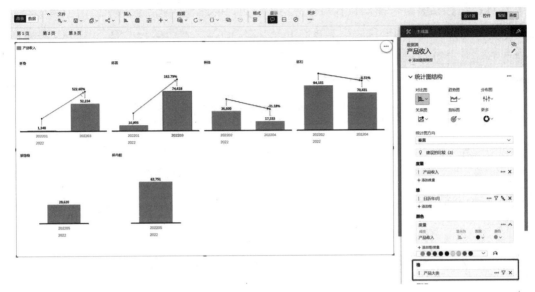

图 4-70　添加格图效果

⑧ 添加-交叉计算：在交叉计算中可创建计算所得度量、受限度量、聚合等内容。选择添加后，系统会自动添加一个交叉计算维，默认的计算维是"度量值"，在"选择交叉计算"选项下选择"添加交叉计算"，即可添加维。

⑨ 添加-超链接：在统计图中可添加一个链接，单击该链接即可跳转到另一个故事、页面或外部 URL，统计图的标题、脚注以及数据点的位置都可以添加超链接。我们可以通过"更多操作"—"添加"—"超链接"或者选中微件后右键单击"添加"—"超链接"两种方式添加超链接，支持的超链接类型见图 4-71。

图 4-71　超链接类型

无：默认超链接的内容是空。

移动应用 URL：可通过此链接跳转到本机应用中的特定位置。用户需要填入移动应用的 URL，如果需要传递参数到目标应用中，可以将维作为参数拼接在 URL 后，跳转后此维将成为目标页面的筛选器。我们也可以在"标签"栏中输入 URL 的标签，或选择维作为标签，设定标签后，标签将替代完整的 URL 在当前页面中显示。设置页面如图 4-72 所示。

图 4-72　超链接——移动应用 URL 的设置

外部 URL：可以跳转至一些外部的网站。用户需要输入外部的 URL 以及标签，如果用户需要在浏览器新选项卡中打开则可勾选"在新选项卡中打开"，如图 4-73 所示。

图 4-73　超链接——外部 URL 设置

页面：可以在同一个故事中的不同页面间跳转，选择目标页面即可跳转到该页面。如果需要指定统计图的数据点作为目标页面的筛选内容，则需勾选"将选定维应用为筛选器"，如图 4-74 所示。

图 4-74　超链接——页面设置

故事：用于在不同故事间跳转。在设置页面中，我们可以指定跳转到目标故事的指定页面。我们也可根据需要勾选"在新选项卡中打开""将选定维应用为筛选器"等选项，如图 4-75 所示。

图 4-75　超链接——故事设置

⑩ 添加-留言：用于为统计图添加留言。添加留言功能后，用户就可以对统计图进行评论并查看历史评论，如图 4-76 所示。

（5）显示/隐藏。用户可以通过此选项选择显示或隐藏统计图的元素，可执行该功能的元素如图 4-77 所示。

图 4-76　留言模块

图 4-77　显示/隐藏选项

（6）编辑轴。统计图与数据模型绑定后，数据在轴上的显示默认是从 0 开始的。如果数据的量级比较大，在统计图中可能会出现大片空白的情况，影响用户的使用效果。为了避免这种情况发生，我们可以使用"编辑轴"功能设置轴的范围。

轴的范围可设置为动态值或者固定值，但并不是所有类型的统计图都可以设置两种类型的范围值，具体参考表 4-7。

表 4-7　各类统计图使用"编辑轴"的限制

固定或动态	统计图类型
仅可输入固定值	条形图/柱形图
	堆积面积图
	堆叠条形图/柱形图
	瀑布图
	箱线图
可使用固定值和动态值	堆叠柱形折线组合图
	柱形折线组合图
	折线图
	气泡图
	散点图

固定值设定：在编辑轴设置界面直接输入值即可，如图 4-78 所示。

图 4-78　编辑轴-固定值设置

固定值与动态值设定：可通过"动态设置最大值/最小值"开关打开动态设置功能（如图 4-79 所示）；关闭该开关，则切换成固定值模式，用户需要手动输入最大/最小值；打开该开关，则切换成动态模式，系统将根据数据源中数据的情况自动判断最大/最小值。

图 4-79　编辑轴-固定值/动态值设置

（7）折叠标题/展开标题。当统计图标题过长导致一行无法显示全时，我们可对标题进行"折叠标题"操作。执行该操作后，标题将只显示第一行文本；单击"展开标题"即可显示完整内容，如图 4-80 所示。

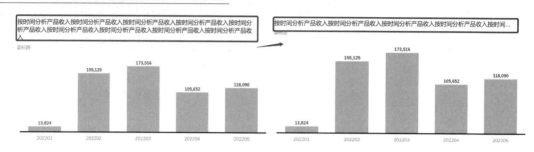

图4-80 折叠标题/展开标题效果

（8）复制。该功能用于对所选微件进行复制操作，我们可将所选微件复制到新故事中或者复制到本故事的指定页面，详情可参见图4-81。

图4-81 微件"复制"的可选项

（9）导出。该功能用于将所选微件的数据导出为CSV文件。需要注意的是，当图中数据为空或者微件处于编辑模式时，不允许导出数据。

单击"导出"按钮后，系统将弹出对话框，我们需填写文件名称。导出时如果需要保留设置的数级、货币等信息，可勾选"包含格式设置"选项。例如，数据源的数据为1,600,000，其在统计图中显示的是1.6百万，导出时如果我们想要保留"1.6百万"的样式，通过勾选"包含格式设置"，再选择CSV分隔符，单击"确定"后即可导出，如图4-82所示。

图4-82 统计图导出设置

（10）编辑样式设置。通过样式设置面板，我们可以对统计图的背景颜色、字体颜色、字体大小等进行个性化设置，具体可参见图 4-83。

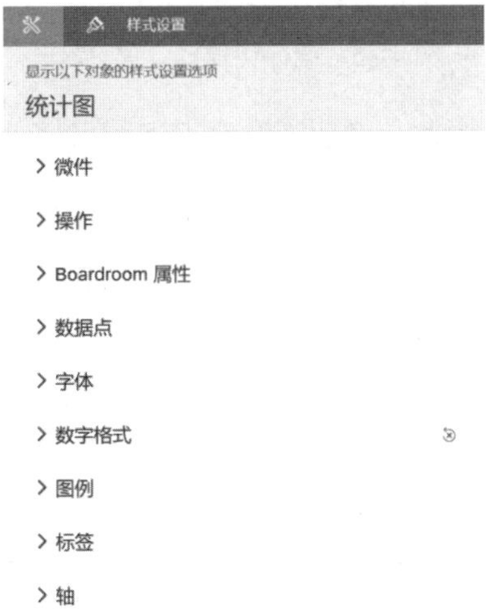

图 4-83　统计图样式设置选项

① 微件：通过此选项可以设置统计图微件的背景颜色以及边框的样式、颜色和粗细，如果需要设置微件的边框为圆角而非直角，我们可以通过调整边框的圆角半径来实现，如图 4-84 所示。

图 4-84　统计图样式设置-微件

② 操作：通过此选项可以调整微件页面上的层级关系，如图 4-85 所示，从左到右的层级操作分别为"下移一层""置于底层""上移一层"和"置于顶层"。

∨ 操作

顺序

图 4-85 统计图样式设置-操作

③ Boardroom 属性：使用此功能前需要有 Digital Boardroom 加载项，勾选相应的选项即可使用该功能，如图 4-86 所示。

图 4-86 统计图样式设置-Boardroom 属性

④ 数据点：通过此选项可更改选择的数据点、特定数据点、线条或其他选项的填充颜色。需要注意的是，可设置的内容选项会根据统计图类型的不同有所区别，图 4-87 展示的是条形/柱形图数据点的设置界面。

图 4-87 统计图样式设置-数据点设置（条形/柱形图）

⑤ 字体：通过此选项可对所有文本或者所选文本的字体、颜色、格式等进行设置。需要注意的是，可设置的内容选项会根据统计图类型的不同有所区别，图 4-88 展示的是条形/柱形图字体设置的界面。

图 4-88 统计图样式设置-字体设置（条形/柱形图）

⑥ 数字格式：通过此选项可设置全部度量或某个度量数字的显示格式。对于数级的设定，我们可选择系统默认的"自动格式设置"，数字格式也可采用系统提供的"千""百万"和"十亿"的格式。同时，我们还可以设置数字的小数位数以及正负号显示方式。设置完成后，通过单击统计图右上角"重置"按钮，就可以撤销设置的数字格式，并恢复默认设置。需要注意的是，数字格式的设置内容选项也会根据统计图类型的不同有所区别，图 4-89 展示的是条形/柱形图数字格式设置界面及设置后的效果。

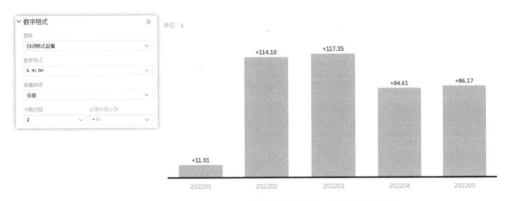

图 4-89　统计图样式设置-数字格式设置（条形/柱形图）

⑦ 图例：通过此选项可设置统计图图例的位置和对齐方式。图 4-90 展示的是通过图例的设置功能，堆积柱形图的图例显示在其下方且向右对齐的效果。

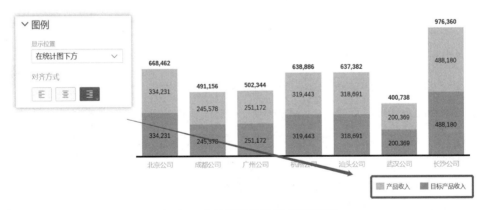

图 4-90　统计图样式设置-图例设置

⑧ 标签：通过此选项可以更改统计图中轴标签、数据标签等标签的显示方式。需要注意的是，标签的设置内容选项会根据统计图类型的不同有所区别，图 4-91 展示的是柱

形折线组合图标签的设置界面。

图 4-91　统计图样式设置-标签设置（柱形折线组合图）

⑨ 轴：用于对轴线颜色进行个性化设置，如图 4-92 所示。

图 4-92　统计图样式设置-轴设置

（11）全屏。此功能可将所选统计图铺满整个页面。

（12）固定到主屏幕。此功能可将所选统计图添加到"主屏幕"中展示。

（13）查看控件。此功能可显示统计图的"控件面板"，用于查看应用于此统计图的筛选器情况。

（14）移除。此功能可将选定的统计图微件删除。

我们还能通过"更多设置"功能来对统计图进行设置。更多设置主要是对维和度量的显示方式进行设置，如维显示 ID/说明、度量消零等。

（1）显示为。维在模型中有"说明""ID""ID 和说明"三个显示方式，如图 4-93 所示。"ID"是维在创建时自动生成的，维生成以后我们可以对维添加"说明"。在统计图中，维默认显示为"说明"，如果想将维的显示改成"ID"，我们可以在设计器中找到对应的维字段修改其显示方式。

图 4-93　维的显示方式

（2）重命名。模型中的每个字段在故事里可以"重命名"为新的名称进行显示。例如，模型中某字段的名称为"2023 年销售金额"，如果我们想在当前故事中使其显示为"当年销售金额"，则可以通过对字段的重命名来实现，如图 4-94。

度量		度量	
列轴		列轴	
⋮ 2023年销售金额 ⋯ ×		⋮ 当年销售金额 ⋯ ×	
⋮ ▒▒▒ ⋯ ×		⋮ ▒▒▒ ⋯ ×	

图 4-94　字段名称重命名

（3）消零。该功能用于对度量中有"0"的值进行消零操作。执行度量消零操作后，统计图将不显示度量为 0 的维内容。如图 4-95 所示，模型中城市为"北京"的维度，其对应的度量销售额为"0"，进行消零操作后图中将不再显示北京维度。

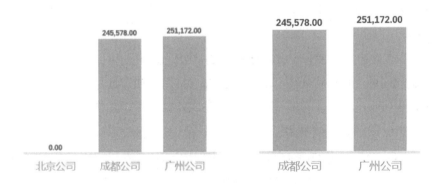

图 4-95　度量消零对比图

（4）柱形图显示设置。当柱形统计图显示度量大于 1 个时，可为其设置不同的显示样式，如图 4-96 和图 4-97 所示。

图 4-96　柱形图显示设置

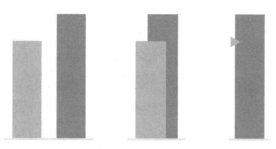

图 4-97　柱形图显示样式（从左到右分别为经典条形图、分层条形图、三角形）

3. 表扩展

表的扩展功能与统计图的扩展功能基本相同。因为表格是直接显示数据内容的，而统计图显示的数据基本上都是经过计算后展示的，所以表格的扩展功能主要聚焦于数据的计算，例如，"分摊值""值锁定管理"等操作是表格中常用的扩展功能。

单击表右侧"更多"菜单，我们就可以对表的显示细项进行设置，具体的设置项如图 4-98 所示。

（1）钻取。在表中，带有层次结构的维通常会默认折叠展示。我们可以使用"钻取"功能来解决此问题。在设置界面，我们首先在"维"选项中选择有层次结构的维，然后选择此维在表中可见的级别数，完成设置。完成此操作后，此维在表中将直接展开显示至相应的层次，设置页面如图 4-99 所示。

（2）冻结。该功能用于锁定行或列，表中锁定的行或列将不随页面的滚动而滚动，会一直固定显示在其原本的位置。单击表微件右上角"更多"菜单栏，选择"冻结"，系统默认冻结的是维标题行。如需设置冻结某行或某列，我们可通过右键选择某行或某列的单元格，在弹出选项后完成"表函数"—"冻结"—"到行"或"到列"的操作即可。

（3）行列对换。该功能用于将表中的行、列中的内容进行位置交换。

图 4-98　表"更多"菜单栏

图 4-99　表"钻取"设置

（4）显示性能分析。该功能用于显示微件的运行状态，主要展示的是微件性能方面的信息。详细内容如图 4-100 所示。

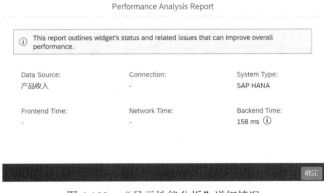

图 4-100　"显示性能分析"详细情况

（5）调整表的大小以适合内容。系统将根据表中包含的行、列数自动调整表格的大小，以展示完整的内容。

（6）大量数据输入。用户可以随时更改基于计划模型创建的表格中的数，每一次更改后，系统都会将变化的数据立即更新到数据源中。如果用户需要连续更改多个值，那么等待系统更新数据源的时间就比较长。如何缩短等待时长呢？SAP Analytics Cloud 提供了"大量数据输入"功能。

"大量数据输入"功能打开后，系统将不会在用户每修改一次单元格后就进行一次更改，而是将有值变化的单元格先记录保存，并将此单元格背景色设为蓝色，如图 4-101 所示。当用户单击"处理数据"按钮后，系统才会更新数据源，并将蓝色的单元格背景色设为黄色，如图 4-102 所示。如果用户单击"退出大量数据输入"按钮，系统则不会更新数据源，也不会保存此次更改。

✓ 处理数据　　　↪ 退出大量数据输入

第1页　　第2页　　第3页　　第4页

子公司	产品大类	产品名称	产品品号	Account Category	目标产品收入 Actual *
北京公司	杯挂	产品24	00000024		79,634.00
		产品27	00000027		9,871.00
	杯身	产品23	00000023		39,518.00
		产品26	00000026		933,560.00
	装饰物	产品25	00000025		56,880.00
		产品28	00000028		54,972.00
成都公司	杯内胆	产品17	00000017		78,787.00
	杯扣	产品14	00000014		60,579.00
		产品16	00000016		10,387.00
	杯盖	产品13	00000013		85,157.00
		产品15	00000015		10,668.00
广州公司	杯内胆	产品6	00000006		92,507.00
	杯扣	产品5	00000005		64,451.00
	杯盖	产品4	00000004		94,214.00
杭州公司	杯挂	产品32	00000032		7,370.00
		产品33	00000033		4,195.00
	杯身	产品29	00000029		89,800.00
		产品30	00000030		58,880.00
		产品31	00000031		90,777.00
	装饰物	产品34	00000034		68,421.00
汕头公司	杯内胆	产品22	00000022		66,054.00

图 4-101　在"大量数据输入"模式下修改单元格数据

				Account	目标产品收入
				Category	Actual *
子公司	产品大类	产品名称	产品品号		
北京公司	杯挂	产品24	00000024		79,634.00
		产品27	00000027		9,871.00
	杯身	产品23	00000023		39,518.00
		产品26	00000026		933,560.00
	装饰物	产品25	00000025		56,880.00
		产品28	00000028		54,972.00
成都公司	杯内胆	产品17	00000017		78,787.00
	杯扣	产品14	00000014		60,579.00
		产品16	00000016		10,387.00
	杯盖	产品13	00000013		85,157.00
		产品15	00000015		10,668.00
广州公司	杯内胆	产品6	00000006		92,507.00
	杯扣	产品5	00000005		64,451.00
	杯盖	产品4	00000004		94,214.00
杭州公司	杯挂	产品32	00000032		7,370.00
		产品33	00000033		4,195.00
	杯身	产品29	00000029		89,800.00
		产品30	00000030		58,880.00
		产品31	00000031		90,777.00
	装饰物	产品34	00000034		68,421.00
汕头公司	杯内胆	产品22	00000022		66,054.00
	杯扣	产品19	00000019		

所有更改（4）都已成功提交。 　✕

图 4-102　大量数据输入-处理数据

（7）分摊值。通过设定某单元格的分摊规则和分摊值，用户可以将该单元格的值按设定的分摊规则分摊给一组单元格。分摊值设置界面如图 4-103 所示。

分摊值设置界面主要包含两部分内容：第一部分主要对来源值进行设置，第二部分对分摊目标值进行设置。两部分的右边都有手动单击形状的图标，单击此图标后再单击表中的单元格，可选中该单元格作为来源/目标单元格。

系统提供两种分摊方式，如图 4-104 所示。一种是"将来源金额分摊到目标"，在此方式下，用户可以在来源值栏输入一个值或者选择某个单元格作为分摊来源值，然后选择目标单元格，目标单元格按该分摊规则进行分摊。另一种是"在目标之间重新分摊总金额"，在此方式下，用户不能手动输入来源值，也不需要选择来源单元格，仅需选择目标单元格，所选目标单元格的值的总和将按该分摊规则重新分摊给所选单元格。

图 4-103　分摊值设置界面

图 4-104　分摊选项

目标单元格的数据更新方式有两种：将分摊数据追加至原始数据和覆盖原始数据，如图 4-105 所示。

图 4-105　分摊值-单元格选项

SAP Analytics Cloud 提供以下 4 种分摊方式。

输入值：用户为每个目标单元格手动输入分摊数。

输入权重：系统将根据用户为每个目标单元格手动输入的权重值分配来源值。

均等：系统将根据目标单元格的数量平均分配来源值。

按比例：系统将根据目标单元格原始的数据所占的比例分配来源值。

以上 4 种分摊方式在设置时，在界面下方都会显示可用金额和总计。详情可参见图 4-106。

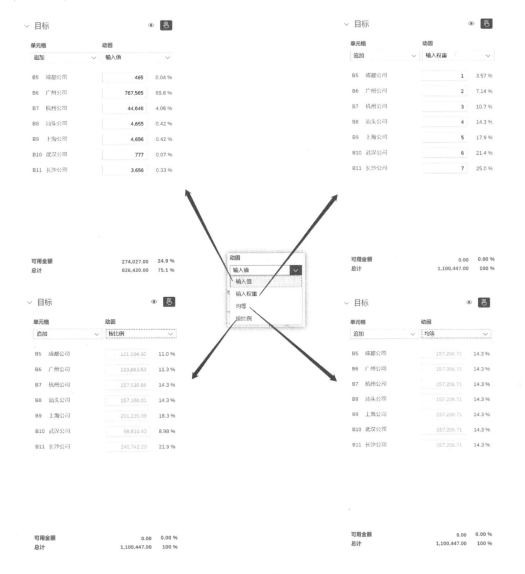

图 4-106　分摊值-分摊规则

（8）值锁定管理。当表微件的数据源为计划模型时可用此功能。选择单元格并进行锁定操作后，选定的单元格的背景色会变为灰色并阻止其值的更新。锁定单元格效果如图 4-107 所示，灰色背景的单元格即为被锁定的单元格。

Account	目标产品收入
Category	Actual *
子公司	
北京公司	1,100,447.00
成都公司	245,578.00
广州公司	251,172.00
杭州公司	319,443.00
汕头公司	318,691.00
上海公司	408,067.00
武汉公司	200,369.00
长沙公司	488,180.00

图 4-107　锁定单元格效果

（9）链接分析。创建链接分析可连接表与其他微件。当我们为表创建筛选器或钻取数据时，筛选效果将会作用于链接分析中的所有微件，这样便可以在故事中同时更新多个微件。

链接分析创建后，我们还可以对连接的微件的范围做出限制，如图 4-108 所示。

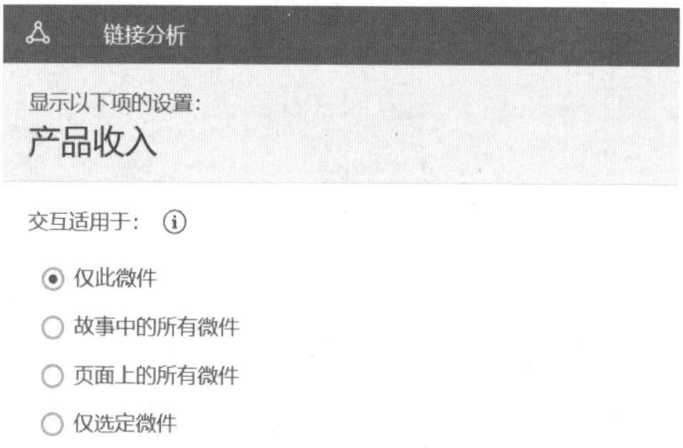

图 4-108　链接分析的设置选项

仅此微件：此选项为默认选项，表示对此微件进行筛选和钻取操作时，只会更新此微件。

故事中的所有微件：对此微件进行筛选和钻取操作时，故事中与此微件具有同一模型来源或链接模型的所有微件都将更新；使用该表控制度量，使用此表来控制在故事中的其他对象中显示的度量。

页面上的所有微件：对此微件进行筛选和钻取操作时，将更新页面中基于同一模型或链接模型的所有微件；使用该表控制度量，即使用此表来控制在页面中的其他对象中显示的度量。

仅选定微件：对此微件进行筛选和钻取操作，只会更新用户选定的微件；使用该表来控制用户选定微件中显示的度量。当选择此项时，还可以选择：自动链接新建微件（可将该链接自动链接到基于同一模型或链接模型创建的任何新微件）；按选定数据点筛选（根据单击的数据点来更新链接分析所包含的微件）。

（10）添加。添加—阈值：用于为度量创建阈值，可以指定阈值是一个固定的值或一个范围。如果阈值是一个范围，我们可以输入上限和下限值，并设置在此范围内显示的颜色与图标。

添加-超链接：在表中可添加一个链接，单击该链接即可跳转到另一个故事、页面或外部 URL。我们可以通过"更多操作"—"添加"—"超链接"或者在表中右键单击"添加"—"超链接"两种方式添加超链接。超链接的类型和各个类型的具体设置与在统计图扩展中添加超链接的相关设置相同，在此不做赘述。

添加-留言：可以为表添加留言功能。留言功能添加后，用户就可以对表进行评论并查看历史评论，如图 4-109 所示。

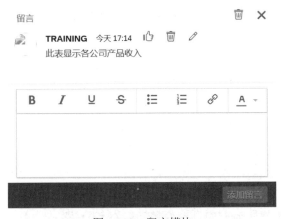

图 4-109　留言模块

（11）显示/隐藏。用户可以通过此选项选择显示或隐藏表的元素。显示/隐藏选项如

图 4-110 所示。

图 4-110　显示/隐藏选项

（12）复制。该功能用于对所选微件进行复制操作，我们可将该微件复制到新故事中或者复制到本故事的指定页面，详情可参见图 4-111。

图 4-111　"复制"的可选项

（13）导出。用于将所选表微件的数据导出为 CSV 或 XLSX 文件。

单击"导出"后，在弹出对话框中填写将要保存的文件名称。导出时如果需要保留设置的数级、货币等信息，可勾选"包含格式设置"选项。

导出为 CSV 文件时，我们还需要选择 CSV 的分隔符，如图 4-112 所示。如需展平层次结构数据，可勾选"展平层次结构"。导出为 XLSX 文件时，如需保留数据标签的层次结构缩进，可勾选"缩进层次结构"。

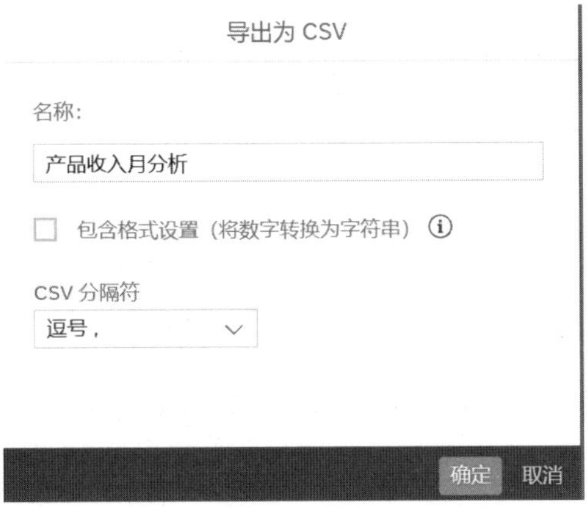

图 4-112　统计图导出设置

（14）编辑样式设置。通过样式设置面板，我们可以对表的背景颜色、字体颜色、字体大小等进行个性化设置，具体可参见图 4-113。

图 4-113　表样式设置选项

① 微件：通过此选项可以设置表微件的背景颜色以及边框的样式、颜色和粗细。如果需要设置微件的边框为圆角而非直角，我们可以通过调整边框的圆角半径来实现，如图 4-114 所示。

图 4-114　表样式设置–微件

② 操作：通过此选项可以调整微件页面上的层级关系，如图 4-115 所示。从左到右的层级操作分别为"下移一层""置于底层""上移一层"和"置于顶层"。

图 4-115　表样式设置–操作

③ 表属性：可选择表格模板，对表格的展示属性进行设置，如图 4-116 所示。

图 4-116　表样式设置–表属性

④ 字体：通过此选项对文本的字体、颜色、样式等进行设置，如图 4-117 所示。

图 4-117　表样式设置-字体设置

⑤ Boardroom 键盘滑块：当表微件中具有 Digital Boardroom 加载项时才可使用键盘滑块，如图 4-118 所示。

图 4-118　表样式设置-Boardroom 键盘滑块

（15）全屏。此功能可将所选表铺满整个页面。

（16）固定到主屏幕。此功能可将所选表添加到"主屏幕"中展示。

（17）查看控件。此功能可显示表的"控件面板"，用于查看应用于此表的筛选器情况。

（18）移除。此功能可将选定的表微件删除。

4.1.5　移动 App 查看故事 ●●●●

移动互联网时代，用户希望能通过移动设备及时方便地查看数据。为全方位满足用户的需要，SAP Analytics Cloud 提供了移动端故事查看功能。

1. 用于移动设备的故事

我们在创建移动 App 的故事时，需要使用"响应式页面"功能，如图 4-119 所示。

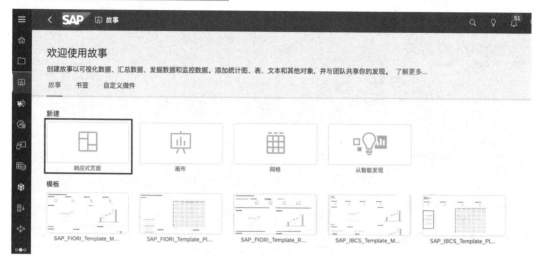

图 4-119　创建"响应式页面"

编辑故事时，我们可以单击导航栏"更多"—"设备预览"来查看此故事在不同设备上的显示效果，如图 4-120 所示。

图 4-120　响应页面-设备预览

2．在移动 App 上查看故事

想要在移动 App 上查看故事，首先我们需要下载 iOS 或者 Android 版的 SAP Analytics Cloud 移动 App。在移动 App 文件夹中，我们仅能看到移动设备支持的故事，在文件夹中单击想要查看的故事即可进入故事查看页面，如图 4-121 所示。

如果移动端故事中存在多个页面，我们可以通过单击屏幕顶部标题栏的下拉箭头图标，打开页面列表，完成页面的切换，页面列表如图 4-122 所示。我们也可以通过向左、向右滑动屏幕的方式切换页面。

我们也可以对故事/页面筛选器进行切换。通过单击屏幕右上角的"筛选器"图标，我们可以查看筛选器情况并修改筛选器的值，筛选器查看界面如图 4-123 所示。

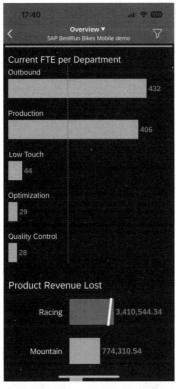

图 4-121　移动端故事查看页面

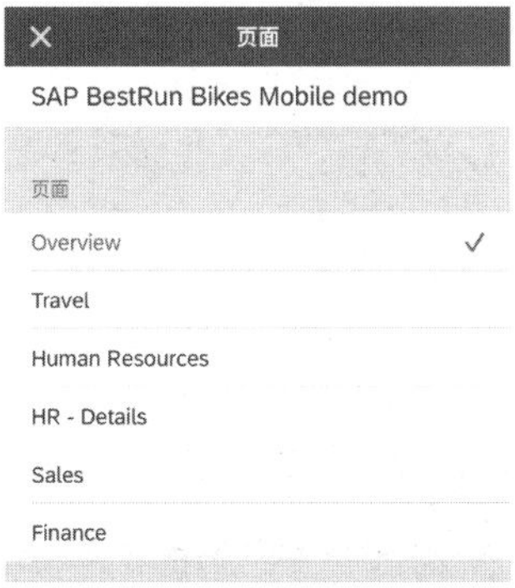

图 4-122　移动端页面列表

图 4-123　移动端筛选器查看界面

4.2　讲更好的故事 ●●●●

第 4 章 4.1 节对故事常用的功能点进行了详细的介绍，用户在熟练掌握了这些功能点以后，可以满足大部分使用场景下的需求。但是针对复杂的场景，用户需要掌握更高级的功能。我们的目标是突显故事的高光点，讲更好的故事。

4.2.1　自定义计算 ●●●●

当我们需要在故事中基于模型的基础数据计算衍生指标时，可以使用 SAP Analytics Cloud 提供的自定义计算功能。"加减乘除"基本运算、复杂的函数运算以及数据分析中常用的度量计算、维计算等，都属于 SAP Analytics Cloud 故事中的自定义计算。本小节我们重点介绍"度量计算"和"维度计算"。

1. 度量计算

计算后的度量也是度量的一种类型。度量计算基于模型的基础度量进行自定义函数运算，计算后将创建新的度量。例如，当前所选模型中有两个度量，分别为"单价"和"数量"，当我们需要在故事中显示"销售额"时，则可以创建新的度量"销售额"，并通过函数运算公式"销售额=单价×数量"，来计算销售额。

计算度量的创建选项在度量选择栏最下方，单击"度量"下拉框，可展开"计算"—"创建计算"选项，进而在计算编辑器中进行设置，如图 4-124 所示。

图 4-124　创建计算度量

度量的计算有多种类型，包括与函数相关的"计算所得度量"、受维度影响的"受限度量"等，详情可参见图 4-125。

图 4-125　计算度量类型

（1）计算所得度量。选择"计算所得度量"后，将弹出计算编辑器，我们可在编辑器中直接输入公式，如图 4-126 所示。如果输入的公式出现语法错误，系统将出现提醒信息，如图 4-127 所示。

图 4-126　计算所得度量编辑界面

计算编辑器

类型
计算所得度量

名称
产品收入80%

编辑公式

1   ["产品收入":ID_1c24220322] *

POWER()

GrandTotal()

%GrandTotal()

LENGTH()

LIKE()

ENDSWITH()

SUBSTRING()

FINDINDEX()

ISNULL()

NOT()

条件

运算符

无法计算公式：["产品收入":ID_1c24220322] *，请完成或重写公式。

格式

取消

图 4-127　计算所得度量报错提醒

在计算编辑器中，用户可以使用的运算符、条件如图 4-128 所示。

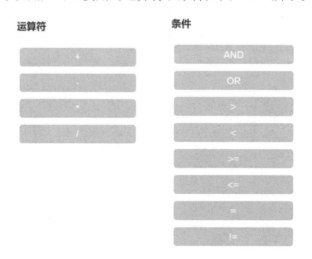

运算符　　　　　　　　　　条件

+　　　　　　　　AND

-　　　　　　　　OR

*　　　　　　　　>

/　　　　　　　　<

>=

<=

=

!=

图 4-128　计算所得度量可使用的运算符、条件

计算度量可用函数及其功能如表 4-8 所示。

表 4-8　计算所得度量可用函数

函　数	说　明
IF（条件，返回值 1，返回值 2）	判断写入的条件是否为"真"，如果为"真"则返回第一个值，反之则返回第二个值，第二个值可以忽略不填
ABS	返回数字的绝对值
LOG	返回数字的自然对数的计算结果
LOG10	返回数字的以 10 为底的对数的计算结果
INT	返回数字的整数部分
FLOAT	将数据转换为浮点类型
DOUBLE	将数据转换为高精度浮点类型
POWER	返回给定数字的乘幂
GrandTotal	返回账户值的总计，计算总计时包含了筛选器
%GrandTotal	返回每个值占合计值的占比
LENGTH	返回字符串的长度
LIKE	模糊查询
ENDSWITH	判断字符串是否以指定的子字符串结尾
SUBSTRING	截取字符串指定位置、长度的子字符串
FINDINDEX	查找指定子字符串的位置并返回其起始索引，如未找到则返回-1
ISNULL	判断字段是否存在空值
NOT	返回否定值，例如，NOT(1>2)，返回 1

（2）受限度量。我们可以对某度量限制一个或多个维度，系统将自动创建一个新度量，如图 4-129 所示。

图 4-129　受限度量设置

首先，单击"类型"下拉项选择"受限度量"；其次，选择想要限制的度量、用来限制度量的维及维的值。如需添加多个限制维，我们可单击"添加维"选项。

如果勾选"启用常量选择"，则表示此受限度量将受到"常量维"筛选器所选维度的影响。如果不勾选此选项，此受限度量的值将不受"常量维"所选值的影响。

当受限度量中的维选项是"日期维"时，日期维的值选项可参考表4-9。

表4-9　受限度量日期维设置

选　项	功　能
上一个	获取上一个时间周期（年、月、周等）的值，并将它们与当前值一起显示
迄今	获取所选时间截至当前时间周期内度量的累积值
按成员选择	选择固定的日期获取度量的值
按范围选择	选择固定的日期范围获取度量的值
当前期间	根据当前时间的变化，动态调整当前期间的范围选项，例如，选择年，随着当前时间从20221231变为20230101，该范围选项会从2022变为2023
上一期间	根据当前时间的变化，动态调整上一期间的范围选项，例如，选择年，随着当前时间从20221231变为20230101，该范围选项会从2021变为2022
输入控件	在页面上生成一个控件，此受限度量的值会随着用户对筛选器的值的变化而变化

（3）与以下项的差。想要创建此计算度量，数据源中必须含有日期维。系统会根据用户所选时间，自动确定两个时间段的度量值，并计算两者之间的差异，如图4-130所示。

图4-130　差异设置

首先，选择"类型"为"与以下项的差："；其次，设置比较的开始日期，可以选择

"当前时间""当前期间"或者选择某一段特定的时间并设置其时间粒度，也可以选择新增一个输入控件，通过在页面中手动输入时间来选定时间；然后，设置比较的目标时间，可以选择"上一项"来比较开始时间与其之前时间段内的数据的差异，也可以选择"下一项"来比较开始时间与其之后的时间段内的数据的差异。

如果在比较时需要包含 NULL 数据，我们需要勾选上"将'无数据'设为'零'"的选项。

如果需要将结果显示为百分比，我们可勾选"计算为百分比"选项，在"除以"的内容项中设置除数。

"比较（A）"代表开始日期的度量值，"与（B）"代表目标日期的度量值。"绝对基值"是指以绝对百分比差值的方式显示结果。

（4）聚合。我们可以对所选度量按所选定的一个或多个维以及设定的条件来进行总和、计数、平均值等聚合计算，如图 4-131 所示。

图 4-131　聚合计算设置

首先，我们需选择"类型"为"聚合"；其次，设置好需要进行的聚合运算方式后，选择运算度量以及聚合维。如果需要设置多个聚合维，我们可以单击"添加维"进行添加。如果需要设置在一定条件下才会进行聚合运算，我们可勾选"使用条件聚合"并设置条件。聚合中可使用的运算详见表 4-10。

表 4-10　聚合运算详表

类　型	说　明
总和	计算选定维的度量的总和
计数	计算选定维的值的条目数（包括 NULL 值和零值）
计数维	对选定维中至少有一个度量值成员计数
计数（空值除外）	计算不包括空值的值的条目数
计数（零值和空值除外）	计算不包括零值和空值的值的条目数
最小值	计算选定维中度量值的最小值
最大值	计算选定维中度量值的最大值
平均值	计算选定维中度量值（包括 NULL 值）的平均值
平均值（空值除外）	计算选定维中度量值（空值除外）的平均值
平均值（零值和空值除外）	计算选定维中度量值（零值和空值除外）的平均值
第一个	计算一定时间段中度量的第一个值
最后一个	计算一定时间段中度量的最后一个值
标准偏差	计算度量值与平均值的标准偏差
中位值	计算度量值的中位值
中位值（NULL 值除外）	计算度量值（不包括 NULL 值）的中位值
中位值（零值和 NULL 值除外）	计算度量值（不包括零值和 NULL 值）的中位值
第一个四分法则	计算度量值的第一个四分位数
第一个四分法则（NULL 值除外）	计算度量值（不包括 NULL 值）的第一个四分位数
第一个四分法则（零值和 NULL 值除外）	计算度量值（不包括零值和 NULL 值）的第一个四分位数
第三个四分法则	计算度量值的第三个四分位数
第三个四分法则（NULL 值除外）	计算度量值（不包括 NULL 值）的第三个四分位数
第三个四分法则（零值和 NULL 值除外）	计算度量值（不包括零值和 NULL 值）的第三个四分位数

（5）维到度量。我们可将某个维的成员的 ID 或者描述转化为度量，如图 4-132 所示。

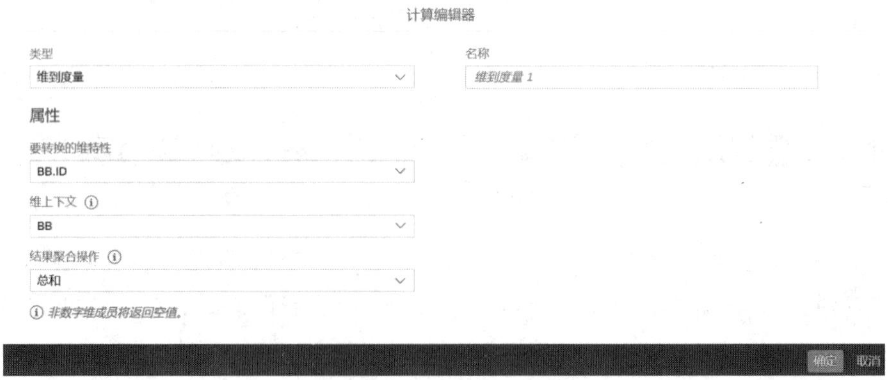

图 4-132　维到度量设置

首先，选择"类型"为"维到度量"；其次，选择需要转换的某个维的 ID 或描述；最后，设置维上下文以及结果聚合操作即可。需要注意的是，我们选择的进行转换操作的维应该是数字形式，非数字维成员被转换后结果将返回空值。

2．维度计算

计算后的维度也是维度的一种类型，是在故事层面基于模型维度重新构建的维内容。维度计算的方式主要有拼接、拆分、度量维等。例如，当我们所选的模型中只有"省份"和"城市"两个维度，而在故事中，我们需要显示的内容为"省份-城市"，则可创建计算所得维，通过在公式中写入"'省份' + '-' + '城市'"，来构建"省份-城市"的维度内容。

维度计算包含"计算所得维"和"基于度量的维"两大类，下面我们将逐一介绍这两大类型。

单击维选择栏最下方"添加维"，即可展开"计算所得维"—"+创建计算所得维"的选项，进而可以在计算编辑器中进行设置，如图 4-133 所示。

图 4-133　创建所得维

（1）计算所得维。计算所得维是指运用函数的方法对模型的维度进行拼接、拆分、截取等，来计算获得新的维。计算方式主要有"函数""条件"和"运算符"三大类，其公式的内容同度量计算，具体可参考图 4-134。

图 4-134　计算所得维编辑器

计算所得维编辑器包含如下内容。

① 类型：可选"计算所得维"和"基于度量的维"。

② 名称：设置计算所得维的名称。

③ 公式框：用于输入维度计算的公式函数。

④ 格式：可用于美化、编辑公式里输入的代码的格式。

⑤ 公式函数：列出可供选择的公式函数。我们也可以手工输入公式到公式框。

（2）基于度量的维。基于度量的维指的是基于度量的值来创建新的维度。我们在对度量进行值的限制、维度的筛选等操作后，所选度量的值会根据新的维度重新计算，并应用于故事中。例如，有"学生成绩"和"总成绩"两个度量，需要按照"总成绩"分段查看学生明细成绩，我们可将度量"总成绩"转换成维来参与计算。

基于度量的维编辑器如图 4-135 所示。

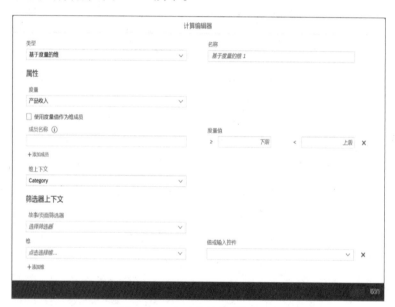

图 4-135　基于度量的维编辑器

基于度量的维编辑器包含以下内容。

① 类型：可选"计算所得维"和"基于度量的维"。

② 名称：设置基于度量的维的名称。

③ 度量：用于创建新维度的度量。

④ 成员名称：用于设置成为维成员后的度量的名称。

⑤ 度量值：用于设置度量的上下限，即选取的度量范围值。

⑥ 维上下文：主要用于选择版本号。

⑦ 故事/页面筛选器：用于设置故事/页面筛选器内容。

⑧ 维：按照所选维生成输入控件的值，用来筛选新建度量。

⑨ 值或输入控件：选择维的内容将作为该选项的筛选值，可指定选择一个内容。

4.2.2 使用货币 ●●●●

SAP Analytics Cloud 的货币功能主要用于不同货币之间的转换。跨国企业的经营数据往往需要进行汇率的转换后才能汇总到总公司的财务系统中参与计算，因此货币的转换在跨国企业的经营分析活动中发挥着至关重要的作用。我们可将用于货币间转换的汇率通过手工输入或者导入模型中，参与货币的换算，获得我们想要的数据进行分析、展示。

1. 货币换算在模型中的设置

如果我们想要在故事中对货币进行换算，首先需要确保系统中包含货币换算表。货币换算表记录了货币种类、日期、类别和汇率的版本等信息。

打开主屏幕导航栏，单击"建模器"，选择"货币换算"页签，可在此界面新增货币换算表，如图 4-136 所示。

图 4-136 创建货币换算表

接下来，我们需要在创建数据源模型过程中给某个维配置货币列。该维可以是一个组织维，也可以是通用的货币维，如图 4-137 所示。

类型
通用
+ 添加维特性
说明
属性
父子层次结构（父项）
货币

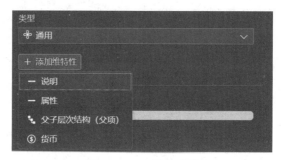

图 4-137　配置货币列

在“模型首选项”中，单击左侧的“货币”菜单栏，进入“货币”页面后开启右侧的“货币换算”开关，并指定默认货币或者货币维，如图 4-138 所示。

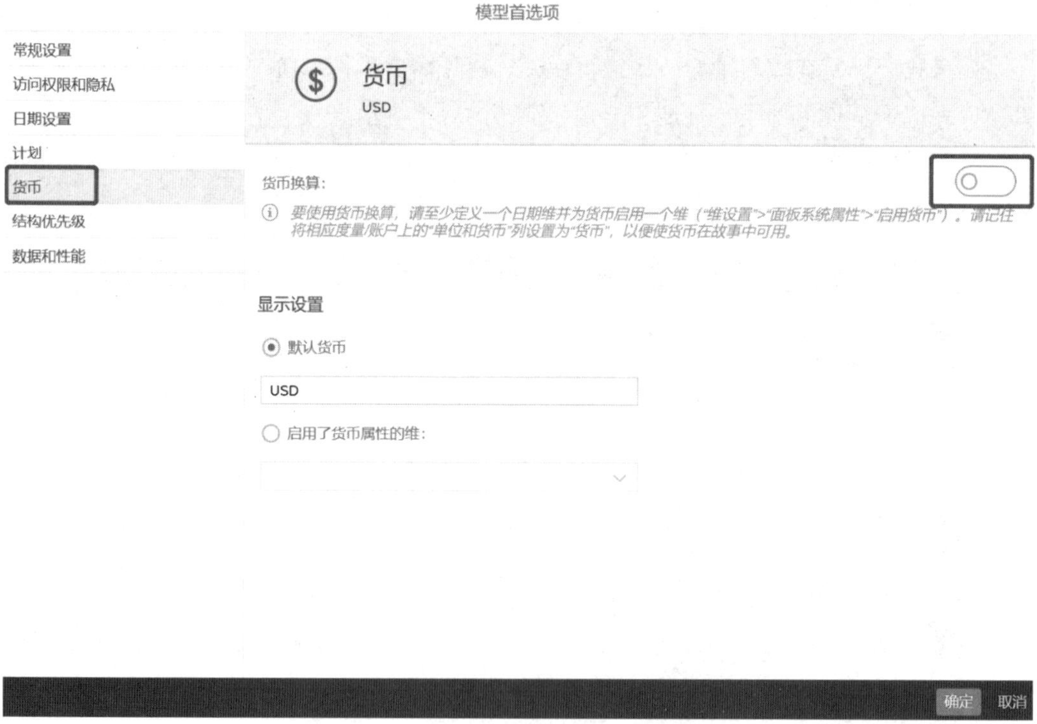

模型首选项
常规设置
访问权限和隐私
日期设置
计划
货币
结构优先级
数据和性能
货币
USD
货币换算:
要使用货币换算，请至少定义一个日期维并为货币启用一个维（"维设置">"面板系统属性">"启用货币"）。请记住将相应度量/账户上的"单位和货币"列设置为"货币"，以便使货币在故事中可用。
显示设置
默认货币
USD
启用了货币属性的维:
确定
取消

图 4-138　模型首选项启用货币换算

最后，在模型的账户维中，为每个成员的“单位和货币”属性设置“货币”。

2. 在故事分析中使用货币换算

我们在编辑故事时，可以选择开启货币换算的模型作为数据源。通过"计算编辑器"，我们可以向表中添加货币换算行或列，这样就可以通过这个货币换算行或列以不同类型的货币以及汇率查看数据。

首先，在"计算编辑器"中选择"类型"为"货币换算"，设置需要进行货币换算的"源度量"，然后选择需要换算的"目标度量"。

其次，设置换算日期，设置项包括以下几个。

"填充日期"：进行货币换算时采用某个日期的汇率。

"填充日期+1"：进行货币换算时采用某个日期向后延一年、一个季度、一个月的汇率。

"填充日期-1"：进行货币换算时采用某个日期往前推一年、一个季度、一个月的汇率。

"固定日期"：进行货币换算时使用选定日期的汇率。

最后，对汇率的"类别"进行设置，即可添加行或列来显示货币换算后的数据。

4.2.3　自助分析与发现洞察　●●●●

SAP Analytics Cloud 提供一种随时可运行的预定义服务——"数据分析器"。它可以基于 SAP BW 查询结果、SAP HANA 视图的实时查询结果和 SAP Analytics Cloud 已有模型，让用户进行即席分析。用户完成数据的钻取和分析后，可将结果保存为洞察。

1. 启动数据分析器

用户打开主屏幕导航栏，单击"数据分析器"，即可进入数据分析器工作台。SAP Analytics Cloud 提供"从数据源"和"从现有模型"两种方式创建自助分析，如图 4-139 所示。

（1）从数据源。基于 SAP BW 查询或实时 SAP HANA 视图创建自助分析，如图 4-140 所示。我们选择系统类型，完成连接后，就可选择需要的模型。

图 4-139　启动"数据分析器"

图 4-140　从数据源开始创建

（2）从现有模型。基于 SAP Analytics Cloud 现有的模型进行创建，如图 4-141 所示。我们可以从弹出的模型存放文件夹中的已创建的模型中选择。

图 4-141　从现有模型开始创建

2.使用数据分析器

通过数据分析器，我们可以对维度、账户成员等内容进行拖动或勾选，从而实现对数据进行快速分类、汇总、分析，并能通过界面上的二维表快速浏览数据，如图 4-142 所示。

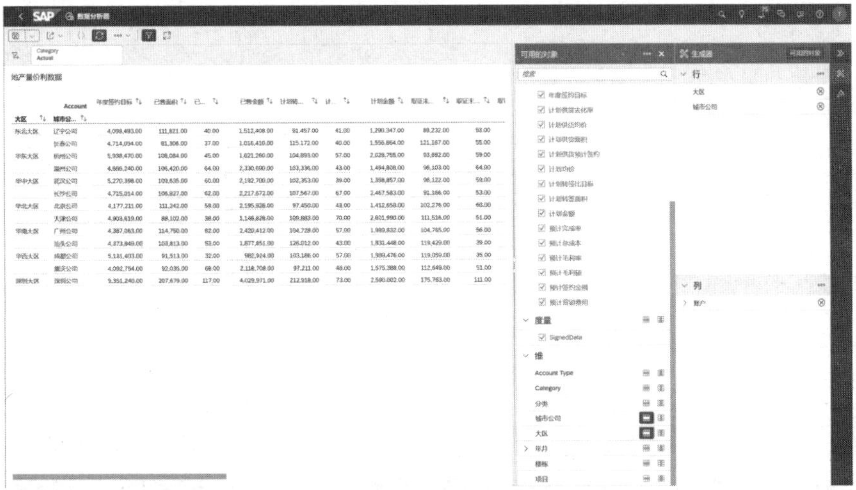

图 4-142　数据分析器界面

单击打开界面右侧的"生成器"面板，我们可以看到数据源中所有的账户成员以及维度。我们可以对账户成员进行勾选来控制此账户成员是否在表中显示。我们可以通过拖动维度到"行"或"列"栏，或者直接单击字段后的行列图标，来完成设置所选维度在表格中"行"或"列"的显示方式，如图 4-143 所示。

图 4-143   字段快捷"行""列"设置图标

通过单击界面左上角的筛选器，我们可选择某个维或账户成员，可对列表的内容进行筛选展示。

3. 保存洞察

用户完成数据分析后可以将数据源、导航以及表的显示状态保存为洞察。

单击"保存"按钮，选择文件夹并输入名称和说明后，洞察将会出现在选择的文件夹中，同时在"数据分析器"界面中也能找到此洞察。如果需要在此洞察打开时自动打开提示，则勾选"洞察打开时自动打开提示"选项。如果需要保留变量的值，则勾选"为动态变量保留上次保存的值"选项。保存洞察页面如图 4-144 所示。

图 4-144   保存洞察页面

4.2.4　优化设计体验　●●●●

在创建故事时，系统会弹出"选择设计模式类型"的选项，包括"优化设计体验""经典设计体验"，如图 4-145 所示。

图 4-145　设计模式类型

选择"经典设计体验"，用户可以使用 2022 年第二季度之前的功能，但此模式下的功能将不会更新。SAP Analytics Cloud 每个季度进行的功能、性能方面的优化更新会在"优化设计体验"模式中体现。目前部分功能在"优化设计体验"模式下无法使用，但随着系统的更新，这些限制将逐渐消失，而"优化设计体验"模式在未来版本中将成为默认选项。

2023 Q2 版本的"优化设计体验"模式将"分析应用"的功能集成到故事中，下面将介绍此版本的"优化设计体验"模式的使用。

故事上方导航栏中有"高级模式"按钮，单击此按钮则开启"分析应用"功能。开启"分析应用"功能后，微件中会增加相应的可用选项，如图 4-146 所示。若选择不开启"高级模式"，则只会出现适用于"故事"的选项，如图 4-147 所示。

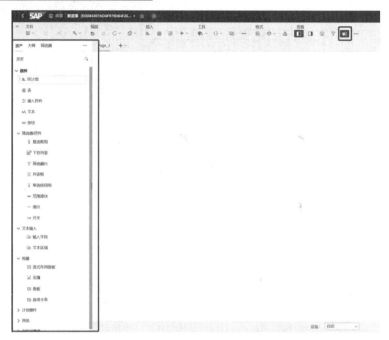

图 4-146　开启"高级模式"的微件列表

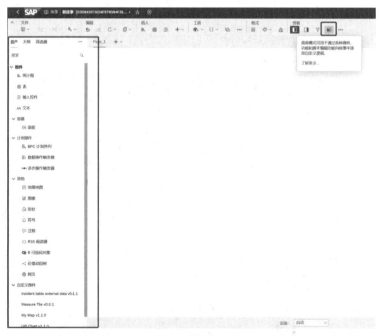

图 4-147　不开启"高级模式"的微件列表

1. 普通模式

（1）统计图。单击"微件"列表中"统计图"并拖入故事页面中，在右侧"生成器"中即可对统计图进行设置。与"经典设计体验"模式不同的是，新版本在下拉框中显示所有可用统计图类型，将鼠标悬停在某一个选项时，会在悬浮框里显示统计图类别，如图4-148所示。

图 4-148　"优化设计体验"下的统计图选择框

向统计图中添加账户、度量或维时，必填的字段会以颜色和虚线边框突出显示，如图4-149所示。

图 4-149　"优化设计体验"下的账户、度量以及维选择

（2）表。单击"微件"列表中"表"并拖入故事页面中，在右侧"生成器"中即可对表进行设置。"优化设计体验"下表格可视化的功能并没有较大更新，可参照"经典设计体验"模式进行开发。

（3）地理地图。单击"微件"—"其他"，选择"地理地图"并拖入故事页面中，在右侧"生成器"中即可对地理地图进行设置。在"优化设计体验"模式下，地理地图仅支持添加"气泡图"和"热图"图层，暂不支持添加"深度图/钻取"以及"流"图层，如图 4-150 所示。同样地，向统计图中添加账户、度量或维时，必填的字段会以颜色和虚线边框突出显示。

图 4-150　"优化设计体验"下的地理地图图层类型选择

（4）故事设置与扩展。在"优化设计体验"模式下，导航栏也添加或更改了部分功能点，如图 4-151 所示。

图 4-151　"优化设计体验"导航栏

增加了"左侧面板""右侧面板"按钮，用户可以更为方便地打开和关闭左侧"微件"栏和右侧"生成器面板"，如图 4-152 所示。

图 4-152　"左侧面板"和"右侧面板"按钮

单击"格式"模块下的"首选项"功能，就可以快捷选择主题，如图 4-153 所示。

图 4-153　"优化设计体验"下的"首选项"以及主题设置

将原本通过"导航栏"—"插入"这种方式添加的部分微件，移动到左侧选择栏中，方便用户更加方便快捷地添加所需微件，如图 4-154 所示。

图 4-154　"优化设计体验"下的"其他"微件

在"统计图"与"表"微件的"样式设置"中新增"快速菜单"，用户可以通过勾选的方式来设置单击微件旁边"更多操作"时所显示的菜单选项，使页面操作更符合用户的操作习惯，如图 4-155 所示。

图 4-155　"优化设计体验"下的"快速菜单"设置

通过将原本通过微件旁边的"更多菜单"—"添加"这种方式添加的部分微件移动到"生成器"中，用户可以更快速地找到所需要的加载项，如图 4-156 所示。

图 4-156　"优化设计体验"下的"统计图加载项"

筛选器根据类型的不同，添加的方式也有所不同。如需添加页面筛选器，可以通过单击"微件"—"输入控件"拖入页面中，如图 4-157 所示。

图 4-157　"优化设计体验"下的添加页面筛选器

也可以单击导航栏"插入"—"输入控件"添加页面筛选器，如图 4-158 所示。

图 4-158　"优化设计体验"下的导航栏添加页面筛选器

如需添加页面筛选器，则需要单击"筛选器"页签切换到筛选器设置界面，单击"添加"即可，如图 4-159 所示。

图 4-159　"优化设计体验"下的添加故事筛选器

在"编辑"模式下，用户可以设置单击"查看"时的默认标签页，如图 4-160 所示。

图 4-160　"优化设计体验"下的"查看"默认标签页设置

2. 高级模式

"高级模式"集成了"分析应用"的功能。在此模式下，用户可通过各种微件和脚本编辑功能向故事中添加自定义逻辑。

与"经典设计体验"不同，在"优化设计体验"模式下，用户如需添加"脚本"，则需要单击"大纲"页签切换到总览界面，单击"脚本"旁"添加"按钮再选择需要添加的脚本类型即可，如图 4-161 所示。

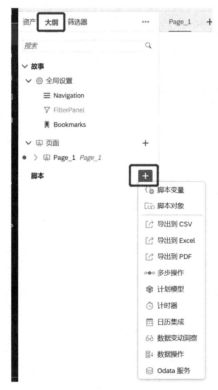

图 4-161　"优化设计体验"下的"脚本"列表

如需编辑 Story CSS，单击"大纲"页签切换到总览界面，单击"全局设置"旁"编辑 CSS"按钮即可打开编辑页面，如图 4-162 所示。

图 4-162　"优化设计体验"下编辑 Story CSS

通过将原本通过"导航栏"—"插入"这种方式添加的各种类型控件、文本输入等微件移动到左侧选择栏中，并按微件的用途分类，用户可快捷地找到所需微件，如图 4-163 所示。

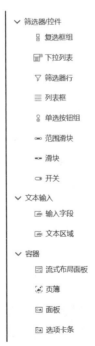

图 4-163　"优化设计体验"下的"分析应用"所需微件

需要注意的是，"链接微件图""性能优化"选项被迁移到了"更多"选项中，如图 4-164 所示。

图 4-164　"优化设计体验"高级模式下的"更多"选项列

4.3　分析应用高级扩展 ●●●●

用户除了通过传统的"故事"来展现分析结果外，还可以通过拖放、配置和连接各种分析组件来构建自定义的分析应用。这些组件包括图表、数据表、过滤器、维度、指标等。用户可以根据自己的需求选择和组织这些组件，甚至可以通过编码的方式设计更复杂的可视化逻辑，以便从数据中提取有意义的见解和分析结果。

分析应用不仅为开发人员提供了完善、健全的开发工具，支持开发人员进行数据分析、数据预警、数据过滤、数据预测等，同时还提供了快速、便捷地分析多个来源数据及创建具有高度灵活性的强大应用程序的能力，其中微件功能相较于故事更加丰富、多样化，用户可定制个性化 UI 元素的对象进行交互。

4.3.1　分析应用特点 ●●●●

分析应用支持多种数据源，如关系数据库、CSV 文件和 SAP HANA 等，用以创建交互式仪表板、可视化报告和预测模型等。利用分析应用可快速识别数据中的趋势和模式，以及潜在的改进领域，适用于创建功能丰富、强大的数据应用，便于用户根据业务需求进行数据计划、预测和分析。

分析应用中的数据来源于一个或多个 SAP Analytics Cloud 模型,我们可以通过创建表或统计图并选取需要的模型查看数据,随后使用 JavaScript 脚本编程语言进行自定义的数据处理。开发人员可通过脚本、自定义微件定制个性化的数据交互功能。不同微件的触发事件如图 4-165 所示。

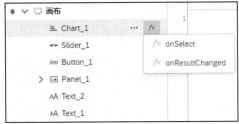

图 4-165　不同微件的触发事件

4.3.2　分析应用与故事的区别 ●●●●

SAP Analytics Cloud 的设计环境中包含故事和分析应用两种数据分析展示方式。那么分析应用和故事有何区别呢?

1. 分析应用

分析应用是一种允许用户探索和分析数据的报告类型。它为数据可视化和探索数据提供了一种强大而灵活的方式,在数据预测、计划、预警等方面能发挥作用。分析应用允许用户以多种内置功能来提供对数据的见解并修改数据,以达到符合自身需求业务场景的目的。

2. 故事

故事是一种允许用户根据数据创建叙事的报告类型。它提供了一种直观的方式,以引人注目的方式展示数据和见解,旨在帮助用户以易于理解和分享的方式交流数据。

故事通过提供好用的微件功能帮助用户进行有限的数据交互、预测和数据分析,而分析应用程序通常用于为用户提供更个性化的体验,可以借助脚本实施自定义微件的交互逻辑。表 4-11 为分析应用与故事的详细对比。

表4-11　分析应用与故事的对比

对　比　项		SAC 故事（常规功能）	SAC 分析应用（特殊需求）
开发成本		低	高
运维成本		低	高
BUG 概率		低	较低
开发页面	性能	快	中
	筛选器	优势：度量筛选器 劣势：无动态月份区间筛选框、无复杂筛选	优势：代码实现月份区间筛选框、复杂组合筛选 劣势：无度量筛选器
	切换	单一页面内无面板切换，无显示隐藏，无弹窗	具有面板切换、显示隐藏、弹窗等功能
	代码功能	无	复杂动态跳转链接、复杂模型传参、复杂按钮功能、复杂数据操作传参、复杂筛选方式等
	二次开发	无	可针对性二次开发控件（高成本）

4.3.3　分析应用创建 ●●●●

　　分析应用的图标在主菜单界面的导航区域，位于故事图标的下方。分析应用的创建过程与故事有一些相似之处，且分析应用和故事在设计界面中的功能组件基本一致，这对设计人员来说非常有利。但是与故事相比，分析应用多了微件的功能，这对满足用户个性化需求、实现定制化的分析具有很大的帮助。分析应用的具体创建步骤如下。

　　（1）创建分析应用，如图 4-166 所示。

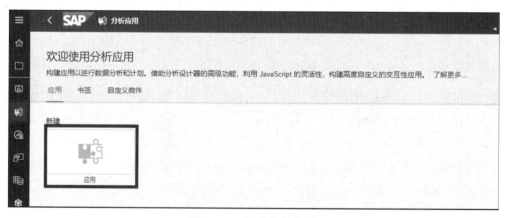

图 4-166　创建分析应用

（2）根据需求创建表或统计图，并选择需求模型，完成表或统计图创建。

用户可以根据需求，选择向分析应用中添加微件或控件，如文本、按钮、下拉框组、输入控件等。

创建后的微件可在"设计器"—"样式设置"中进行调整。微件样式有两种设置方式：第一种方式是选择表或统计图，单击"更多操作"功能，选择"编辑样式设置"功能，如图4-167所示；第二种方式是选择表或统计图，单击"设计器"功能，选择"样式设置"功能，如图4-168所示。

图 4-167　编辑样式设置（第一种方式）

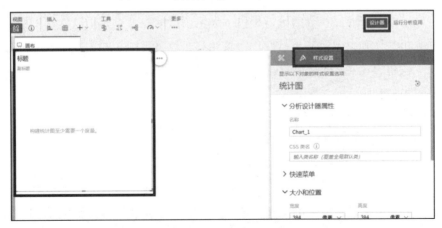

图 4-168　编辑样式设置（第二种方式）

（3）设计完毕，单击"保存"按钮保存当前的分析应用，如图4-169所示。

图 4-169　保存分析应用

（4）保存成功后，即可单击"运行分析应用"来查看设计内容，如图 4-170 所示。

图 4-170　"运行分析应用"示意图

（5）单击"运行分析应用"后会新增标签页，在新增标签页中可查看内容。新增标签页中提供了几项交互功能，如"编辑提示""刷新""固定菜单""退出全屏""编辑分析应用"等，如图 4-171 所示。

图 4-171　运行模式下的交互功能

分析应用的设计界面在导航区域提供了大量预置的微件，其中微件小图标与故事的微件小图标相似，有利于设计人员使用，且相当于故事新增一些内置功能，部分微件能实现交互与联动的效果，样式设置通过 CSS 设计器或提前在设计界面设置，分析应用导航区域如图 4-172 所示。

图 4-172　分析应用导航区域

分析应用的微件种类很多。相较于故事微件，分析应用微件的功能更丰富，所有的微件创建后都会显示在菜单栏的画布区域。此外，与故事相比，分析应用中多了一个微件放置功能。也就是说，微件可放置在任意容器微件中，并且可根据脚本实现容器微件的隐藏与显示，隐藏后容器微件下所有微件也会同步隐藏。

在导航区域添加微件，微件会添加至菜单栏的画布区域中，如图 4-173 所示。微件的位置支持通过鼠标在画布区域拖曳以调整显示顺序。按类型划分，微件可分为如下 5 类。

（1）分析图：统计图、表。

（2）容器微件：面板、选项卡条、页簿、流式布局面板。

（3）文本微件：文本、输入字段、文本区域等。

（4）功能控件：下拉列表、复选框组、单选、按钮等。

（5）其他微件：列表框、开关、地理地图、价值动因树等。

图 4-173　分析应用微件与控件

下文将分别详细介绍各微件的功能及用法。

1. 统计图与表

分析应用中的统计图、表的"生成器"面板与故事的"生成器"面板基本相同。相较于故事，分析应用多了一些特有功能，例如，在属性区域多了交互的开关、数据刷新方式的选择（如图 4-174 所示），有利于提升分析应用的响应速度。

图 4-174　分析应用与故事生成器面板对比图（左图为分析应用，右图为故事）

　　分析应用中的统计图、表的样式设置面板与故事有些许差异，分析应用多了"大小和位置""快速菜单""分析设计器属性"等而少了"Boardroom"属性，如图 4-175 所示。

　　统计图中的"更多操作"与故事的"更多操作"差别较大，例如，分析应用中"更多操作"包含"链接分析"等，如图 4-176 所示。

　　相较于故事的"链接分析"，分析应用的"链接分析"多了"图表视图"功能。单击进入后可以清楚地看到各个微件之间的链接关系，如图 4-177 所示。

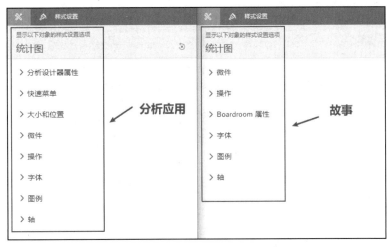

图 4-175　分析应用与故事样式设置面板对比图

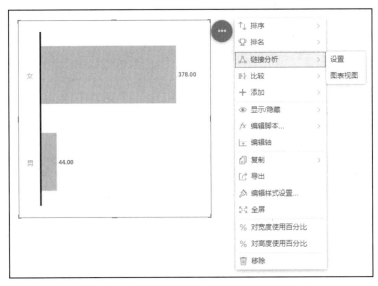

图 4-176　分析应用统计图的"更多操作"

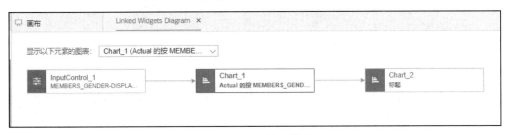

图 4-177　链接微件图

在此功能下，可以设置链接关系，单击对应微件即可修改"源微件""目标微件"，如图 4-178 所示。

图 4-178　链接微件图面板

2. 面板

面板微件用于放置微件。在对面板微件进行隐藏时，其中放置的微件也会一并隐藏。画布区域中的微件都能通过拖曳的方式放置到面板中，如图 4-179 所示。当面板微件内容较多时，会出现垂直和水平滚动条，且面板可重复嵌套面板。脚本中关于面板的 API（Application Programming Interface，应用程序接口）具有控制面板可见性、面板布局等功能，设计人员可按需使用。

3. 选项卡条

选项卡条用于放置微件。在对选项卡条微件进行隐藏时，其中放置的微件也会一并隐藏。画布区域中的微件都能通过拖曳的方式放入选项卡条中，并且能将微件添加到选项卡条任意一个选项卡中。相较于面板微件，选项卡条微件多了选项功能，用户可通过单击选项切换面板，如图 4-180 所示。

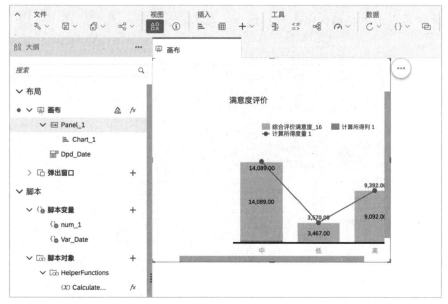

图 4-179　面板微件

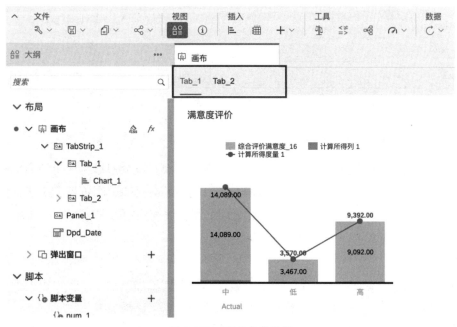

图 4-180　选项卡条微件

4．页薄

页薄跟选项卡条、面板都为容器微件，也支持将微件拖曳进页薄中，如图 4-181 所示。

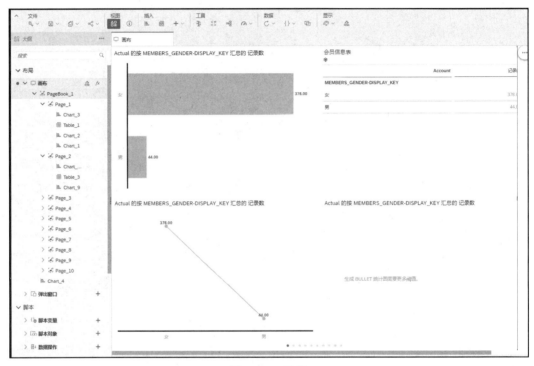

图4-181　页薄

5．流式布局面板

流式布局面板是响应式布局的容器微件，在设计模式下会根据流式布局面板的长、宽、高自动摆放微件位置，在运行模式下会根据用户的分辨率、浏览器大小自动摆放微件位置，如图 4-182 所示。流式布局面板采用了断点概念的功能，无须编写脚本。

6．文本

在工具栏的"添加"处选择"文本"微件即可将其添加至画布，用户可根据需求将文本微件拖曳进面板或弹窗中。文本微件常用功能、用法详情如下。

（1）文本微件和故事中的文本一致，功能有"动态文本""超链接"，如图 4-183 所示。

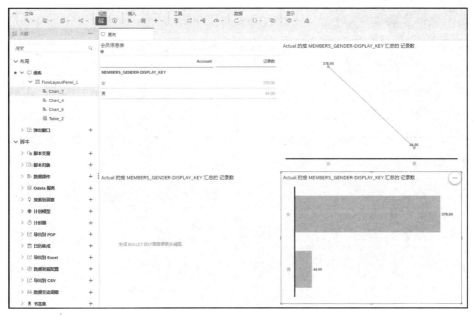

图 4-182　流式布局面板

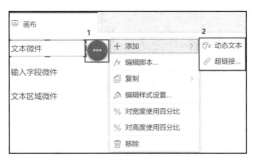

图 4-183　文本的"更多操作"

（2）文本输入方式为手动输入，也可以通过 applyText API 在运行模式中通过脚本实现输入，如图 4-184 所示。

图 4-184　文本微件脚本 API 示意图

（3）文本常用脚本 API 如表 4-12 所示。

表 4-12　文本常用脚本 API

作　用	函　数
添加文本	Text_1.applyText()
获取文本	Text_1.getPlainText()
将样式应用于文本	Text_1.setStyle(textStyle: TextStyle)

7. 输入字段

在工具栏的"添加"处选择输入字段对应微件即可添加至画布，用户还可根据需求将相应微件拖曳进面板或弹窗中。

输入字段支持用户在设计模式下输入文本，但仅支持输入一行文本。输入字段在生成器面板中有"输入字段值""输入字段属性"两个标准功能。

（1）"输入字段值"下的"数据源类型"有"手动输入""脚本变量""模型变量""磁贴筛选器和变量""分析应用属性"5 种。"显示提示"默认开启，在开启状态下显示文本可以自定义修改，显示提示也可关闭，如图 4-185 所示。

图 4-185　输入字段值的生成器面板

（2）"输入字段属性"默认关闭，开启后需要添加脚本变量，将用户输入的数据添加到脚本变量中，后续可对此脚本变量进行表或统计图的数据过滤，如图 4-186 所示。

图 4-186　输入字段属性的生成器面板

输入字段常用脚本 API 如表 4-13 所示。

表 4-13　输入字段常用脚本 API

作　用	函　数
获取输入字段	InputField_1.getValue()
设置输入字段	InputField_1.setValue()
判断输入字段是否已启用	InputField_1.isEnabled()
启用输入字段	InputField_1.setEnabled()
判断输入字段是否已禁用	InputField_1.isEditable()
禁用输入字段	InputField_1.setEditable()

8. 文本区域

在工具栏的"添加"处选择文本区域微件即可添加至画布，用户还可根据需求将其拖曳进面板或弹窗中。

文本区域支持用户在运行模式下输入文本，并支持多行文本和自动换行。文本区域在生成器面板中有"文本区域值""文本区域属性"两个标准功能。

9. 滑块与范围滑块

在工具栏的"添加"处选择滑块或范围滑块微件即可添加至画布，用户还可根据需求将其拖曳进面板或弹窗中。两者在功能上的区别是，滑块定义单值，而范围滑块定义特定范围值。

滑块与范围滑块的生成器面板内容如图 4-187 所示。

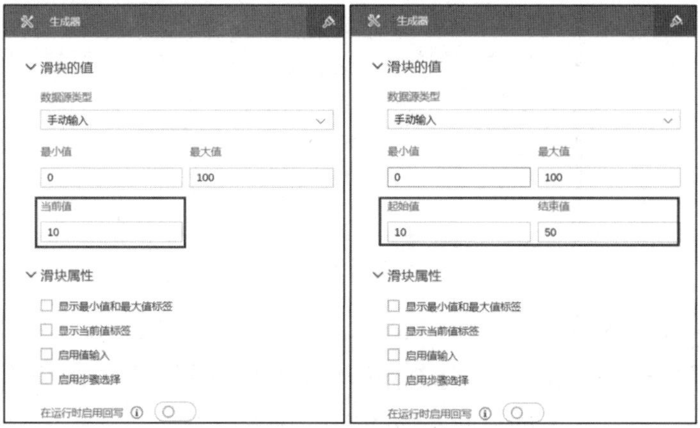

图 4-187　滑块与范围滑块的生成器面板

滑块与范围滑块常用脚本 API 如表 4-14 所示。

表 4-14　滑块与范围滑块常用脚本 API

作　用	函　数
获取值	getValue()
设置值	setValue(value: number)
获取范围值	getRange()
设置范围值	setRange（range: Range）
获取最小值	getMinValue()
设置最小值	setMinValue（value: number）
获取最大值	getMaxValue()
设置最大值	setMaxValue（value: number）

10．筛选器行

在工具栏的"添加"处选择筛选器行微件即可添加至画布，用户可根据需求将其拖曳进面板或弹窗中。筛选器行的作用是对微件进行数据筛选，可以同时为单个微件或多个微件创建筛选器行，每个筛选器行由一个或多个维组成。筛选器行在"生成器"面板下分为"单个微件筛选器"和"组筛选器"。"单个微件筛选器"可应用于单个微件，"组筛选器"可应用于多个微件。用户可根据需求选择"模式""源微件""维选择"，如图 4-188 所示。

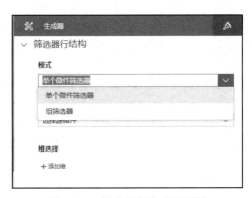

图 4-188　筛选器行生成器面板

保存并运行应用程序，进入运行模式后，选择"设置筛选器"，下拉列表中将显示所有要过滤的维度。选择维成员后，筛选器将应用于"设计模式"时设置的相应微件。筛选器只针对相应微件过滤，并且可以删除或修改筛选器。

微件输出值绑定变量有两种方式：一种方式是微件中的变量为脚本变量、模型变量、磁贴筛选器和变量、分析应用属性等，微件输出值会自动更新；另一种方式是将用户在运行模式下选择的值回写到变量中，并供后续使用。支持绑定变量的微件有下拉列表、复选框组、单选按钮组、滑块、范围滑块、图像、输入字段、文本区域等。例如，把统计图的值赋值给了脚本变量，再将脚本变量作为滑块的默认值，执行前效果如图 4-189 所示，执行后效果如图 4-190 所示。

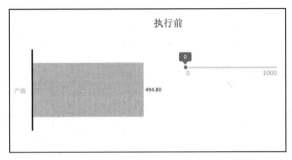

图 4-189　运行模式下初始化后（执行前效果）

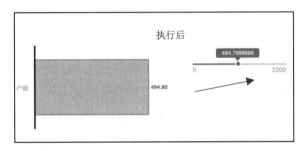

图 4-190　单击统计图后联动（执行后效果）

在设计模式下，使用链接微件图可以清晰地看见每个微件之间链接关系的图表视图。在此视图下，用户可以设置微件之间的链接关系，如图 4-191 所示。

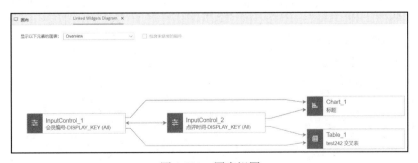

图 4-191　图表视图

单击对应微件即可修改链接内容，如图 4-192 所示。

图 4-192　微件关系面板

链接微件图显示的内容包含：输入控件的级联效应关系，输入控件链接到的微件（如统计图、表、价值动因树），筛选器行链接的统计图、表等。链接微件图中的每个微件都是一个节点，用户可以通过鼠标悬停的方式查看其 ID、详细信息等。

用户通过链接微件图可以管理和查看链接中的微件之间的关系，右击对应微件即可弹出菜单栏。菜单栏中有"管理链接的微件""查看链接的微件""移除链接""切换为概览"等选项。用户选择"管理链接的微件"，即可进入微件的管理界面，通过"源微件""目标微件"进行管理。

信息面板用于检查脚本中的报错区域，并提示错误语句。单击信息面板中错误区域，即可进入对应微件的脚本编辑器对脚本进行修改、完善。信息面板在导航的视图区域，如图 4-193 所示。

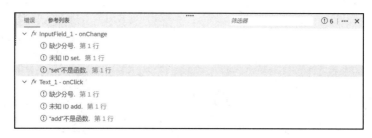

图 4-193　信息面板

分析应用菜单栏即大纲，大纲下包含布局、脚本两大元素，如图 4-194 所示。

图 4-194　分析应用大纲

（1）布局

布局由画布、弹出窗口组成，已添加的微件都包含在其中。下面分别介绍画布和弹出窗口的功能。

在画布中单击微件，如果显示了"*fx*"图标，则表示该微件可以编写脚本。当微件右边带有 *fx* 图标时，表示微件已编写了脚本，如图 4-195 所示。画布中的所有微件都可通过拖曳来调整排序，当微件重叠时，排序靠前的微件会优先显示，并覆盖其他微件。

图 4-195　微件 *fx* 图标示意图

弹出窗口支持用户输入信息、选择配置等。例如，用户在表或统计图中所选择的数据，可以通过弹出窗口来显示更具体的明细数据，也可以通过弹出窗口设置模型变量，并对维度进行过滤，将其他微件或控件添加到弹出窗口以实现数据展示。

布局中画布为预置好的设计环境，而弹出窗口需要设计人员手动设计。下面介绍布局中弹出窗口的基本操作步骤。

① 弹出窗口的创建，在布局区域单击"添加弹出窗口"即可，如图 4-196 所示。

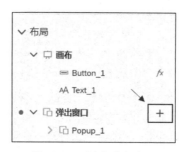

图 4-196　创建弹出窗口

② 如果要将弹出窗口设置为对话框，则在生成器面板处开启"启用页眉和页脚"，如图 4-197 所示。

图 4-197　弹出窗口的生成器面板

③ 若要返回画布，则在菜单栏处单击"画布"即可；若要进入弹出窗口，则单击"弹出窗口"即可，如图 4-198 所示。

图 4-198　进入弹出窗口与返回画布示意图

弹出窗口的显示或隐藏可以通过脚本 API 实现，用户可根据需求将脚本 API 放置在对应微件或控件中，如表 4-15 所示。

表 4-15　弹出窗口常用脚本 API

作　　用	函　　数
打开弹出窗口	Popup_1.open()
关闭弹出窗口	Popup_1.close()

对长时间运行操作的页面设置"加载指示器"，以避免长时间加载导致用户误操作出现页面报错的现象。"加载指示器"分为两种类型：分析应用级别及某个应用、弹出窗口或容器类型。设置自动化加载指示器步骤如图 4-199 所示。

图 4-199　设置自动化加载指示器步骤

用户可以通过脚本 API 显示或隐藏不同级别的加载指示器,常用脚本 API 如表 4-16 所示。

表 4-16　加载指示器常用脚本 API

作　用	函　数
显示应用加载指示器	Application.showBusyIndicator("可编辑需求文本")
显示面板加载指示器	Panel_1.showBusyIndicator("可编辑需求文本")
显示弹窗加载指示器	Popup_1.showBusyIndicator("可编辑需求文本")
隐藏应用加载指示器	Application.hideBusyIndicator()
隐藏面板加载指示器	Panel_1.hideBusyIndicator()
隐藏弹窗加载指示器	Popup_1.hidcBusyIndicator()

（2）脚本

脚本区域包括脚本变量、脚本对象、搜索到洞察、计时器、书签集等。

① 脚本变量:用于定义需要重复使用的元素,可在各个微件中重复使用。

② 脚本对象:用于封装一段重复使用的脚本,便于用户开发与维护。

③ 数据操作:用于将数据从 A 模型复制到 B 模型,也可以删除 A 模型或 B 模型的数据。

④ 计时器:可以利用脚本 API 定期执行脚本程序。

⑤ 搜索到洞察:可以利用脚本 API 打开并设置"搜索到洞察"窗口。

⑥ 数据发掘配置:可以利用脚本 API 打开数据发掘的设置面板并设置维与度量。

⑦ 书签集:可以利用脚本 API 让用户在运行模式下将状态保存为书签。

⑧ 多步操作:可以利用脚本 API 调用"多步操作"对象进行多个数据操作、发布版本等,可以节约用户时间。

4.3.4　脚本与 API ●●●●

1. 分析应用 API 概览

分析应用提供了各种功能控件（如表、统计图、按钮、文本区域等）的交互功能,也提供了日历、计划发布、数据操作、数据模型、智能发现等功能函数,以及分析应用页面的各种信息与交互。

统计图常用脚本 API 如表 4-17 所示。

表 4-17　统计图常用脚本 API

作　用	函　数
添加维度	Chart.addDimension()
移除维度	Chart.removeDimension()
获取维度	Chart.getDimensions()
添加度量	Chart.addMember()
移除度量	Chart.removeMember()
获取度量	Chart.getMeasures()
获取选择内容	Chart.getSelections()
获取数据源	Chart.getDataSource()

表常用脚本 API 如表 4-18 所示。

表 4-18　表常用脚本 API

作　用	函　数
添加维度	Table_1.addDimensionToColumns()
	Table_1.addDimensionToRows()
移除维度	Table_1.removeDimension()
获取维度	Table_1.getDimensionsOnColumns()
	Table_1.getDimensionsOnRows()
添加度量	Table_1.getDataSource().setDimensionFilter()
移除度量	Table_1.getDataSource().removeDimensionFilter()
打开导航面板	Table_1.openNavigationPanel()
关闭导航面板	Table_1.closeNavigationPanel()
获取数据源	Table_1.getDataSource()
获取选择内容	Table_1.getSelections()

下拉列表（Dropdown）常用脚本 API 如表 4-19 所示。

表 4-19　下拉列表常用脚本 API

作　用	函　数
下拉列表添加新项	Dropdown_1.addItem()
下拉列表选定项键值	Dropdown_1.getSelectedKey()
下拉列表选定项文本	Dropdown_1.getSelectedText()
移除下拉列表中所有项	Dropdown_1.removeAllItems()
移除下拉列表中选定项	Dropdown_1.removeItem()
在下拉列表中选择一个项	Dropdown_1.setSelectedKey()

弹出窗口（Popup）常用脚本 API 如表 4-20 所示。

表 4-20　弹出窗口常用脚本 API

作　　用	函　　数
打开弹出窗口	Popup_1.open()
关闭弹出窗口	Popup_1.close()
获取弹出窗口标题	Popup_1.getTitle()
设置弹出窗口标题	Popup_1.setTitle()

日期（Date）常用脚本 API 如表 4-21 所示。

表 4-21　日期常用脚本 API

作　　用	函　　数
根据本地时间返回指定日期的星期几	getDate()
根据本地时间返回指定日期	getFullYear()
根据本地时间设置指定日期的月份中的某天	setDate()
返回一个字符串，表示日期的值	toJSON()

2. 脚本编辑器设计流程

当向统计图、表微件添加脚本时，该微件支持多个事件，则需要选择所需事件，单击选择后便会进入脚本编辑器的选项卡，如图 4-200 所示。

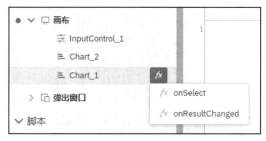

图 4-200　进入微件的脚本编辑器

事件名称可在脚本编辑器左上角或者在新选项卡后缀处查看。在脚本编辑器中使用"Ctrl+空格键"，可获取脚本对应函数使用方法的帮助与提示，如图 4-201 所示。

用户可根据需求选择对应函数，若调用了"需要使用值"函数，则可以继续调用"Ctrl+空格键"，以了解可用参数的情况。若调用 setDimensionFilter API，则"Ctrl+空格键"可以调用可用维度，并支持查看可用参数，如图 4-202 所示。

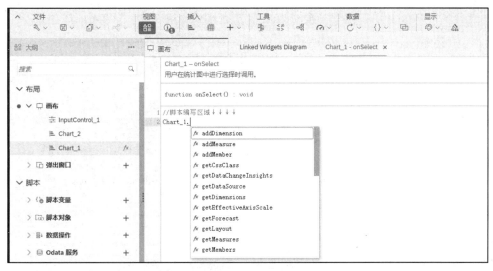

图 4-201　脚本编辑器

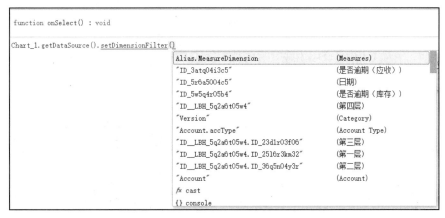

图 4-202　选择方法的可用参数

当选择成员的某个指标后，即可自动完成脚本，如图 4-203 和图 4-204 所示。

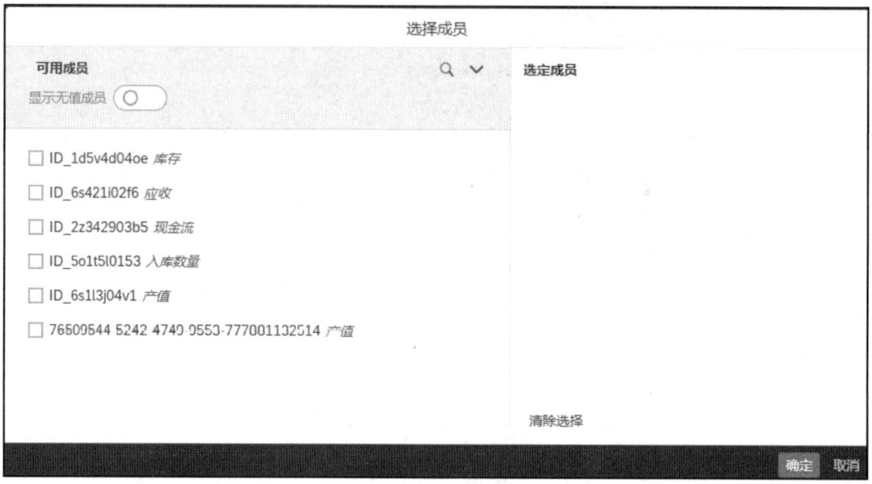

图 4-203　选择成员

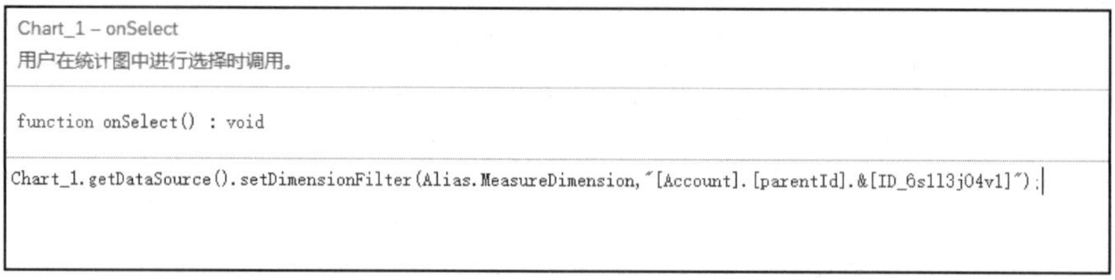

图 4-204　setDimensionFilter 函数条件设置完毕示意图

除了 setDimensionFilter 函数，其他"需要使用值"的函数用法同上。若调用了"需要对象的值"的函数，函数中需要"使用对象的值"作为参数，通过"Ctrl+空格键"可以查看可用参数，如图 4-205 所示。需要特别注意的是，启用对象的前提是在圆括号( )中加入花括号{}，如图 4-206 所示。

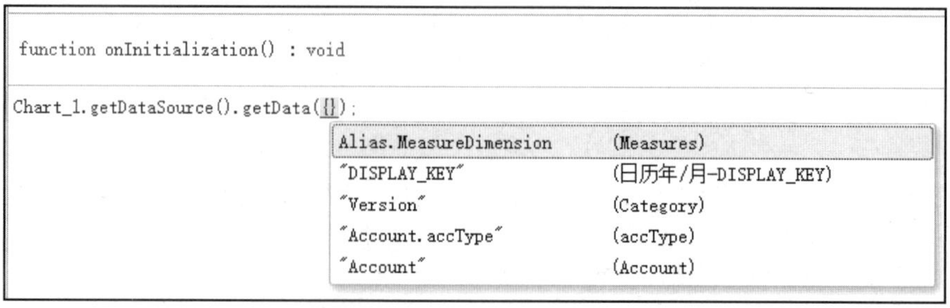

图 4-205　查看可用参数

图 4-206　选择需要的值为维或度量

当选择维或度量后，完成的脚本如图 4-207 所示。

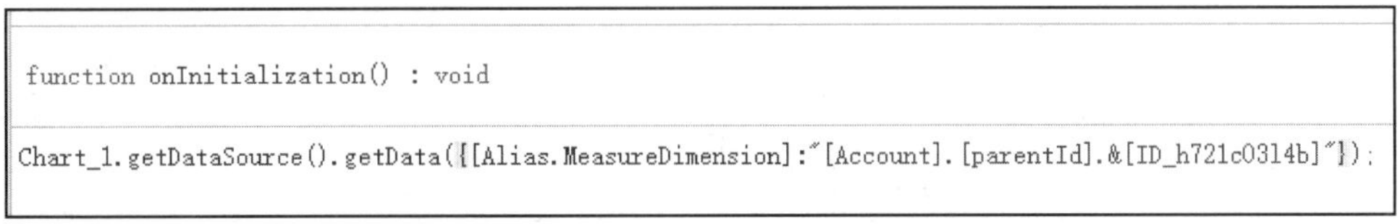

图 4-207　getData 函数设置完毕示意图

若继续调用 getData 函数，还可以访问对应的维的其他属性值，且其属性都为 String 类型，若希望将其转换为 integer 或 number 类型进行赋值使用，则可通过 "Ctrl+空格键" 调用 ConverUtils.stringToNumber API（如图 4-208 所示），将属性值转换为 number 类型并赋值到脚本变量或局部变量中，如图 4-209 所示。

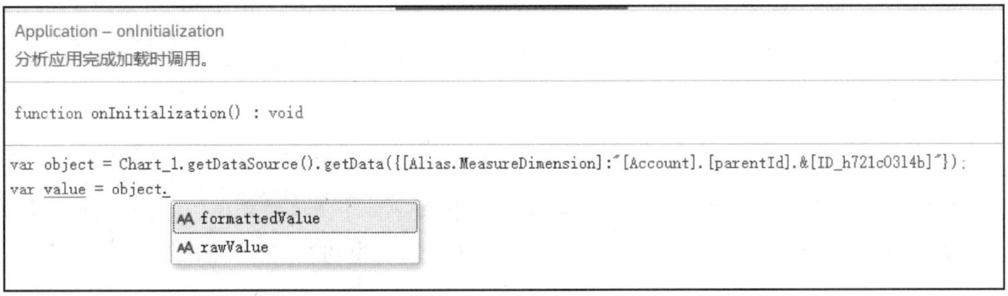

图 4-208　调用 API

```
   function onInitialization() : void

1  var object = Chart_1.getDataSource().getData({[Alias.MeasureDimension]:"[Account].[parentId].&[ID_h721c0314b]"});
2  var value = object.formattedValue;
3  //可通过console.log()打印出值，确认值；
4  console.log(value);
5  //调用ConvertUtils.stringToNumber API将String转number类型赋值给脚本变量ScriptVariable_1
6  ScriptVariable_1=ConvertUtils.stringToNumber(value);
7
8  //调用ConvertUtils.stringToInteger API将String转integer类型赋值给局部变量value_Integer
9  var value_Integer=ConvertUtils.stringToInteger(value);
10
11 console.log(value_Integer);
```

图 4-209　选择维度对象中的值

为了更方便地设计分析应用，系统也提供了键盘快捷键。常用键盘快捷方式如表 4-22 所示。

表 4-22　键盘快捷方式

快　捷　键	作　　用
Ctrl+/	注释所选行与取消注释行之间的切换
Ctrl+A	选中编辑器中的所有内容
Ctrl+S	保存分析应用
Ctrl+Z	撤销上次更改
Ctrl+Y	恢复上次撤销的更改
Ctrl+F	查找脚本编辑器中的内容
Ctrl+G	查找下一个寻找到的内容
Shift+Ctrl+G	查找上一个寻找到的内容
Ctrl+D	删除光标所选行、删除光标所选内容

3．脚本常见对象应用

（1）脚本变量

在分析应用中，变量分为脚本变量、局部变量两种。脚本变量与局部变量的区别是，局部变量应用于当前脚本中的结果，在其他脚本中则会失效，而脚本变量则在整个应用程序中都能使用。

脚本变量的属性可以定义"名称""说明""类型""是否为数组""默认值""通过 URL 参数公开变量"等。脚本变量的类型有基本类型、非基本类型，可通过类型下拉框查看所需类型。应用中不仅能直接定义脚本变量的值，也可以通过 URL 参数来定义脚本变量的值，如图 4-210 所示。

图4-210　脚本变量界面

通过勾选"通过 URL 参数公开变量"，可以将脚本变量定义为 URL 参数变量。但这有局限性，即不适用于非基本类型、数组类型的脚本变量。实现步骤如下所述。

① 在"目标分析应用"中创建脚本变量，脚本变量勾选"通过 URL 参数公开变量"，如图4-211所示。

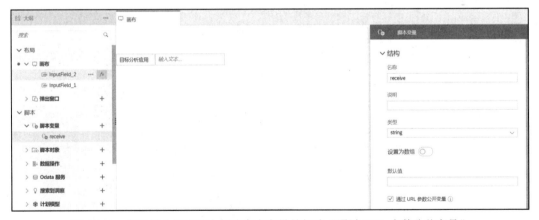

图4-211　在目标分析应用中创建脚本变量并勾选"通过 URL 参数公共变量"

② 创建输入文本微件，并配置脚本变量，如图4-212所示。

③ 在"来源分析应用"中编写脚本时，以"'p_'+目标脚本变量"绑定数据，如图4-213所示。

图 4-212　在目标分析应用中创建输入文本微件并进行配置

图 4-213　在来源应用中创建输入字段并编写脚本

④ 调用 NavigationUtils.openApplicationi API 函数，以目标分析应用为参数，实现效果如图 4-214 所示。

图 4-214　来源分析应用通过脚本实现传递到目标分析应用

脚本变量可在"计算编辑器"中使用，作用是把脚本变量用作本地变量。通过在脚本中绑定脚本变量来自动更新脚本变量的值，并调用函数作为参数使用此脚本变量，在"计算编辑器"中输入"@"会调出可供选择的脚本变量，但目前"计算编辑器"仅支持基础类型的脚本变量，并且不能是数组类型，如图 4-215 所示。

图 4-215　在"计算编辑器"面板中使用脚本变量

（2）脚本对象

脚本对象的作用是当一段脚本使用频率高时，可将这一段脚本封装成脚本对象，减少脚本冗余，维护脚本也变得更加轻松。

脚本对象可在大部分应用对象中使用，使用方式为在微件的脚本编辑器中输入脚本对象名称，若有参数附上参数即可。脚本函数的属性介绍如表 4-23 所示。

表 4-23　脚本函数的属性介绍

属　　性	作　　用
名称	函数必须有名称且同一"脚本对象"下"脚本函数"名称唯一
说明	描述函数作用，使用场景便于维护
返回类型	默认 void，可根据需求自行调整
设置为数组	将返回类型设置为数组

脚本函数中的"参数"可编辑其"名称""类型""设置为数组"。用于调用脚本函数时添加数据到参数中，并执行脚本中的参数代码，如图 4-216、图 4-217 所示。

接下来，以脚本对象的实现步骤为例讲解其基础用法。

① 新建一个脚本对象 SciptOject_1.function1 并给其新建参数 arg1，再新建一个文本微件 Text_1。在 SciptOject_1.function1 脚本对象中编写脚本，脚本内容为引用 Text_1 文

本微件，并使用 applyText API，并将 arg1 作为 Text_1 的新添值，如图 4-218 所示。

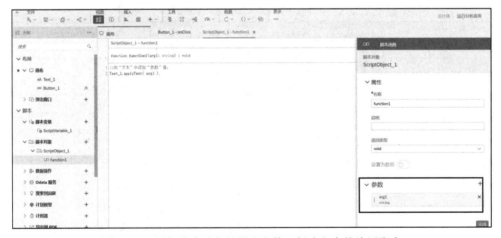

图 4-216 单击脚本对象   图 4-217 脚本函数界面示意图

图 4-218 添加脚本对象并附上参数，创建文本并编写脚本

② 新建一个Button_1按钮,并在Button_1按钮内添加脚本,脚本为引用SciptOject_1.function1 脚本对象,并将"100"作为参数条件,如图 4-219 所示。

图 4-219　创建按钮并编写脚本

③ 分析应用初始化时,Text_1 文本微件为空,如图 4-220 所示。

④ 单击 Button_1 按钮触发 SciptOject_1.function1 脚本对象,将"100"写入 Text_1 文本微件中,如图 4-221 所示。

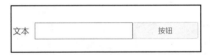

图 4-220　运行模式下的初始化

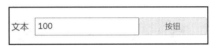

图 4-221　运行模式下单击按钮后示意图

（3）计时器

计时器的作用是在运行模式下定时运行一些脚本事件。一个脚本事件中可以包含多个计时器,但计时器之间相互独立。计时器的使用场景有:按时刷新数据,按时更改图像,按时更改文本微件内容。

接下来,通过一个案例详细讲解计时器的作用。A 公司的项目经理提出希望图像实现轮换功能的想法,以便让用户能在一个屏幕中看见多张图像,以了解图像具体业务内容。实现操作步骤如下。

① 创建两个脚本对象:一个为 Image 类型的脚本变量"Margins",另一个为 Integer 类型的脚本变量"Widgets",并将它们都设置为数组。

② 创建"do_Change"脚本函数的"Chang"脚本对象,代码如下。

```
//重新排序"形状"
var n = Widgets[0];
Widgets[0] = Widgets[1];
Widgets[1] = Widgets[2];
```

```
Widgets[2] = n;
//重新设置为"形状"左边距
for(var i=0;i<3;i++) {
    Widgets[i].getLayout().setLeft(Margins[i]);
}
```

③ 创建计时器 Timer_1 并对其编写脚本，代码如下。

```
//Timer_1 超时后运行此脚本对象
Chang.do_Chang ();
// 1秒后重新启动 Timer_1
Timer_1.start(1);
```

④ 在画布的 onInitialization 事件区域编写脚本，代码如下。

```
Margins = [112, 240, 368];
Widgets = [Image_1,Image_2,Image_3];
Timer_1.start(1);
```

用户进入运行模式后，就会看到图像从右向左自动轮换，效果如图 4-222 所示。

图 4-222　运行模式下每秒切换位置

（4）导出为 PDF

当需要将内容导出为 PDF 时，则需要使用"导出到 PDF"功能。操作步骤为：在菜单栏处新建一个"导出到 PDF"对象，然后在生成器面板处添加微件，并调用 exportReportAPI 导出。"导出到 PDF"常用脚本 API 如表 4-24 所示。

表 4-24　"导出到 PDF"常用脚本 API

作　　用	函　　数
导出到 PDF 文件	ExportToPDF_1.exportReport()
设置导出的 PDF 文件的文件名	ExportToPDF_1.setFileName()
将分析应用程序导出为 PDF 文件	ExportToPDF_1.exportView()

（5）数据操作

设计人员在使用数据操作功能时，除了使用"数据操作触发器"微件之外，还可以新建"数据操作"对象并使用相关脚本 API 让用户在运行模式时设置参数值，并执行数据操作。数据操作能将数据从一个模型复制到另一个模型，用户可以快速轻松地更改模型的数据。

创建并使用"数据操作"对象及相关 API 的步骤如下。

① 在工具栏处"脚本"区域的"数据操作"下单击"添加数据操作",创新的"数据操作"对象界面如图 4-223 所示。

② 在"数据操作配置"面板,选择已有"数据操作"并完善剩余选项,如图 4-224 所示。

图 4-223　创建的"数据操作"对象界面　　　　图 4-224　"数据操作配置"面板

③单击"完成"后利用数据操作 API 在应用中调用数据操作,常用 API 如表 4-25 所示。

表 4-25　数据操作常用脚本 API

作　用	函　数
执行数据操作,冻结其他脚本执行,当数据操作运行完毕后其他脚本才解冻执行	DataAction_1.execute()
执行数据操作,不冻结其他脚本执行	DataAction_1.executeInBackground()
获取参数值	DataAction_1.getParameterValue()
设置参数值	DataAction_1.setParameterValue()

（6）多步操作

当用户需要执行多个步骤的操作时,如运行多个数据操作、发布版本等,多步操作功能可以帮助用户节省时间,提升用户体验。

设计人员在使用多步操作功能时，除了使用"多步操作触发器"微件之外，还可以新建"多步操作"对象，使用相关脚本 API 让用户在运行模式时设置参数值并执行多步操作。

创建并使用"多步操作"对象及相关 API 的步骤如下。

① 单击工具栏处"脚本"区域的"多步操作"，如图 4-225 所示。

② 在"多步操作配置"的面板中选择已有"多步操作"并完善剩余选项，如图 4-226 所示。

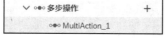

图 4-225　创建"多步操作"对象　　　　图 4-226　"多步操作配置"面板

③单击"完成"后利用多步操作 API 在应用中调用多步操作。多步操作常用脚本 API 如表 4-26 所示。

表 4-26　多步操作常用脚本 API

作　用	函　数
执行多步操作，并冻结其他脚本执行，当多步操作运行完毕后其他脚本才解冻执行	MultiAction_1.execute()
执行多步操作，不冻结其他脚本执行	MultiAction_1.executeInBackground()
获取参数值	MultiAction_1.getParameterValue()
设置参数值	MultiAction_1.setParameterValue()

4. 样式编辑器设计流程

分析应用支持进行全局默认的 CSS 样式定义，也可以对每个微件进行多个 CSS 样式定义。分析应用提供了 CSS 编辑入口，让微件 UI 样式功能更加多样化，如图 4-227 所示。

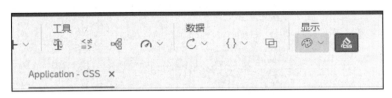

图 4-227　CSS 编写器入口位置

分析应用为 CSS 编辑器提供了关于微件与控件的帮助，用户选择对应微件与控件，系统会显示其支持的类名和属性CSS类列表，但是并非所有的CSS属性都支持这种方式，用户可根据 CSS 帮助列表已提供的属性编写代码，如图 4-228 所示。

🖵 画布 　　　　　　∨	Application - CSS ✕

Application CSS
你可以在此处编辑应用 CSS 脚本。

按钮　　　　　　　　　　　　　　∨	注意：从此下拉列表中选择一个对象以查看其支持的类名称和属性。

```
/**
* 支持类名：
*
*       Widget CSS Class：
*               说明：你要在样式设置面板中分配给微件的 CSS 类不能是预定义的类。；
*               属性：background-color, border, border-top, border-right, border-bottom, border-left, opacity,
*               后代：N/A；
*               伪类：N/A；
*
*       .sap-custom-button-widget：
*               说明：这种类型微件的默认类。是在微件 CSS 名称后面定义，但是其规则将具有更高的优先级。；
*               属性：background-color, border, border-top, border-right, border-bottom, border-left, opacity,
*               后代：N/A；
```

图 4-228　CSS 编辑器

CSS 编辑器编写规则：关于标准组件类，需要使用"自定义类名"作为选择器第一部分，随后为"支持的类名"，如下所示。

```
//编写规则
.自定义类名 .支持的类名{
    Background-color:#ffffff;
```

```
        Color:#ffffff;
    }
```

下面以"文本"为案例详细讲解 CSS 脚本的使用。

（1）确认微件的类型，打开 CSS 帮助列表框，找到"文本"，单击后查看其支持的 CSS 属性，如图 4-229 所示。

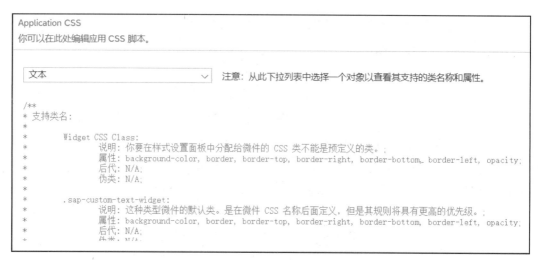

图 4-229　CSS 编辑器

（2）根据编写规则，先写自定义类名，后写支持的属性。代码示例如下。

```
.Text .sap-custom-text{
    font-family:serif;
    font-size:18px;
    color:#000000;
    font-style:normal;
    font-weight:normal;
    text-decoration:overline;
}
```

（3）编写好 CSS 脚本后，用户需要手动将其添加到对应微件或控件中。添加方式有如下两种。

第一种方式：在设计模式下，"添加 CSS 类名"界面如图 4-230 所示。添加成功，即可用于预览 CSS 样式。

图 4-230　添加 CSS 类名

第二种方式：在设计模式下，使用脚本 setCssClass API 进行添加。

用户还可将编写好的 CSS 与主题链接，步骤如图 4-231、图 4-232 所示。

图 4-231　编辑主题

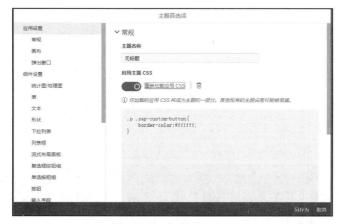

图 4-232　启用主题 CSS

4.3.5 分析应用性能优化 ●●●●

1. 最佳实践方案

最佳实践并不是一成不变的规则，而是根据不同情境和新的发展情况而演化的指导原则。最佳实践的目标是提供一种可靠的指导，帮助用户在创建页面和数据分析方面取得良好的结果，并最大限度地减少错误和风险。

（1）在菜单栏处单击"编辑分析应用"之后，单击"分析应用设置"，选择"在后台加载不可见的微件"并单击"确认"，以实现性能优化。

（2）表格或统计图暂时不需要显示时，用户可在"生成器"面板选择"暂停数据刷新"，并在查看表时使用 SerRefreshPaused API 对其进行数据激活。

（3）仅当使用计划时才需要启用表格的计划功能，不启用时在"生成器"面板取消勾选"已启用计划"选项。

（4）表或统计图不需要使用智能洞察时，在"生成器"面板取消勾选"启用 Explorer"选项。

（5）表或统计图不需要进行交互时，在"生成器"面板勾选"禁止交互"选项。

（6）初始化时，用户需要手动把不需要加载和展现的微件在"样式设置"中取消默认的"在查看时显示该项目""始终在启动时初始化"选项，并在工具栏处设置为隐藏，以尽量减少初始化加载微件的数量。

（7）表或统计图通过 setDimensionFilter()脚本进行过滤时，使用 MenberInfo API，可避免多次访问后台。

（8）设计完毕后删除无用代码，如 console.log()等测试代码，或者可以多次创建同一用途的局部变量，特别是在移动端分析应用时。

（9）微件较多时可以使用 Timer 计时器，进行初始化时分段执行代码。

（10）在菜单栏处单击"脚本性能"—"在查看时分析脚本性能"，进入运行模式后分析并完善脚本。

2. 性能检测

在设计模式中的菜单栏单击"性能优化"，选择"在查看时分析脚本性能"，会进入新标签页中运行，如图 4-233 所示。

图 4-233 "性能优化"示意图

当初始化加载完毕后，按"Ctrl+Shift+A"或"Ctrl+ Shift + Z"打开性能弹出窗口（如图 4-234 所示），用户可以清晰地看到每段代码的执行时间。用户可以根据执行时间对初始化的脚本代码进行修改和完善。

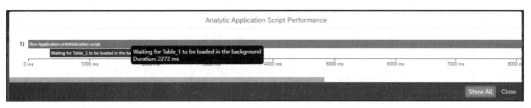

图 4-234 性能弹出窗口示意图

3. 性能优化

（1）在后台加载不可见的微件。在设计模式下设置"在后台加载不可见微件"，可提高分析应用的运行性能，所有不可见的微件都会在后台加载，包括不可见的选项控件、不可见的微件等。将不可见微件设置为在后台加载的步骤如图 4-235、图 4-236 所示。

图 4-235 单击"分析应用设置"

图 4-236 单击"在后台加载不可见的微件"并确认

但有一个前提条件：对不可见微件在"样式设置"面板处取消勾选"在查看时显示该项目"，默认状态为勾选，如图 4-237 所示。

图 4-237　样式设置面板

如果该模式不符合用户期望，用户可以通过修改应用 URL 参数 loadInvisibleWidgets 的方式切换，如表 4-27 所示。

表 4-27　应用 URL 参数

作　　用	应用 URL 参数
初始化时加载所有微件	loadInvisibleWidgets=onInItialization
在后台加载不可见微件	loadInvisibleWidgets=inBackground

使用方式如下：

源 URL+&loadInvisibleWidgets=onInItialization　（即为在初始化时加载所有微件）。

源 URL+&loadInvisibleWidgets=inBackground　（即为在后台加载不可见微件）。

（2）暂停微件中的数据刷新。在分析应用运行模式加载时，暂停微件的数据刷新可以提高分析应用的性能。在设计模式时，用户可以通过脚本 API 或"生成器"面板两种方式来设置统计图、表的数据刷新，从而提高分析应用初始化页面加载速率。通过脚本 API 设置统计图、表的数据刷新的实现方式如表 4-28 所示。

表 4-28　数据刷新 API

作　　用	函　　数
暂停数据刷新	Application.setRefreshPaused(["输入微件的数据源，例如：Chart_1.getDataSource()"] ,true)
开启数据刷新	Application.setRefreshPaused(["输入微件的数据源，例如：Chart_1.getDataSource()"],false)

在"生成器"面板的设置如图 4-238 所示，后续使用 setVisible API 来显示统计图、表即可刷新数据。

（3）计划模型仅在使用时启用对表的计划。当计划模型的表不需要或暂时不使用计划时，便单击对应表的"生成器"，在面板中取消勾选"已启用计划"，如图 4-239 所示。

图 4-238　生成器面板设置
"仅刷新活动微件"示意图

图 4-239　生成器面板设置
"已启用计划"示意图

当运行模式需要启用计划时，则通过 getPlanning().setEnabled API 启用计划。

（4）对表进行过滤。对表进行过滤时调用 setDimensionFilter()，若 API 中使用 MemberInfo 对象（除了成员 ID 外，还包含成员说明），提取成员就不需要与后端双向通信，代码如下。

```
//错误方式:

var member_Id = Dropdown_1.getSelectedKey();
//setDimensionFilter API 获取到维度值 id, 会返回后端去取对应的描述, 这将影响页
面速率
```

```
    Table_1.getDataSource().setDimensionFilter("需要过滤的维度",member_Id);
    //正确方式:

    var member_Id = Dropdown_1.getSelectedKey();

    var member_Text = Dropdown_1.getSelecteText();

    //setDimensionFilter API 获取到 MemberInfo 就不会去后端寻找所选信息，继而提高
页面速率
    Table_1.getDataSource().setDimensionFilter("需要过滤的维度",{id:member
_Id,description:member_Text});
```

也可以使用 MemberInfo 对象的数组，代码如下。

```
    //正确方式:
    var resultSet = Table_1.getDataSource().getResultSet();
    //创建 memberInfo 对象数组
    var memberInfo_Array = ArrayUtils.create(Type.MemberInfo);
    for(var j=0;j < resultSet.length;j++){
        var member_Id = resultSet[j]["需要过滤的维度"].id;
        var member_Text = resultSet[j]["需要过滤的维度"].description;
        memberInfo_Array.push({id:member_Id,description:member_Text});
    }
    //过滤使用 memberInfo 对象数组
    Table_2.getDataSource().setDimensionFilter("需要过滤的维度", memberInf
o_Array);
```

（5）折叠输入控件。输入控件的展开会影响页面应用性能，虽然展开方便用户快速搜索和选择成员对象，但是展开的数据会被实时刷新。频繁的数据刷新会影响页面性能，而输入控件默认折叠起来是提升页面性能的一种好方式。

（6）初始化时加载的微件。过多的微件在初始化时同时加载会降低分析应用的性能，对此用户可做如下优化。

① 对初始化时不需加载的微件，用户可以进行相关设置提高应用性能。在设计器的"样式设置"处取消勾选"在查看时显示该项目""始终在启动时初始化"选项，并将其设置为隐藏。

② 避免在初始化 onInitialization 事件处编写 setVisible API，应在设计模式下隐藏不需要使用的微件。

③ 避免在初始化 onInitialization 事件处编写 setVariableValue API，否则会在运行模式下对数据进行二次刷新，导致页面加载缓慢。

（7）其他优化点。在脚本中避免出现双重 for 循环语句，特别是在读取表数据 getResultSet API 时。在获取表后将数据存入局部变量，或者脚本变量，避免多次读取表格导致页面加载缓慢。

在统计图或表的"设计器"页面中，数据刷新方式尽量选择"立刻刷新"。

当使用 setVariableValue API 设置数据源变量，并且有多个数据源的变量是同一个时，使用链接变量方式将不同数据源的同一变量链接起来，即可不用多个数据源多次赋值同一变量，避免代码冗余，提升页面加载速率。

（8）使用计时器 Timer API 来对初始化加载分段执行。在运行模式下，初始化 onInitialization 事件中脚本是并行执行的。为了优化性能，通过计时器 Timer API 分段执行脚本，在初始化 onInitialization 事件中分析脚本的轻重缓急，并创建多个 Timer 来分段并行执行，以提高页面初始化加载速率，如图 4-240 所示。

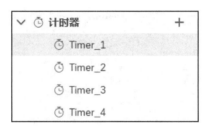

图 4-240　多个 Timer 计时器分段执行代码示意图

代码如下。

```
Application.showBusyIndicator（"数据初始化加载中……"）;
Timer_1.start(2); //主要微件，控件导数
Timer_2.start(3); //其他微件，控件导数
Timer_3.start(8); //表、统计图启动交互
Timer_4.start(2); //结束
```

4.4　数字化董事会深化决策 ●●●●

SAC 数字化董事会（Digital Boardroom）是基于 SAP Analytics Cloud 的特有功能和产品，其起源于 SAP 内部的企业管理，通过 3 个屏幕的方式展现董事会议程需要展示的经营数据和在线分析。

Digital Boardroom 的业务价值主要体现在以下几个方面。

（1）完整的用户体验：3 块触摸大屏实现互动式数据可视化。

（2）数据驱动的决策：实时的数据探索取代固定的文本报告。

（3）数据成为战略资产：内置行业最佳实践，快速实现数据价值。

（4）预测分析及机器学习：面向业务用户，不再是数据科学家的专利。

4.4.1　初识 Digital Boardroom ●●●●

用户可通过 Digital Boardroom 在多个"故事"之间完成交互式讨论，基于实时数据的战略决策制订计划、驱动业务。下面对 SAC Digital Boardroom 进行详细介绍。

（1）打开已有的 Digital Boardroom。

首先，在首页"导航"处选择"文件"。其次，单击右侧的"筛选器"，选择"Digital Boardroom"。最后，选择已有的"Digital Boardroom"，进入查看。以财务大屏为例，详见图 4-241。

图 4-241　"Digital Boardroom"查询步骤示意图

（2）以编辑模式打开 Digital Boardroom，如图 4-242 所示。

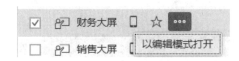

图 4-242　以编辑模式打开"Digital Boardroom"

（3）编辑 Digital Boardroom 的详细信息，如图 4-243 所示。

（4）删除 Digital Boardroom，如图 4-244 所示。

（5）共享 Digital Boardroom，如图 4-245 所示。

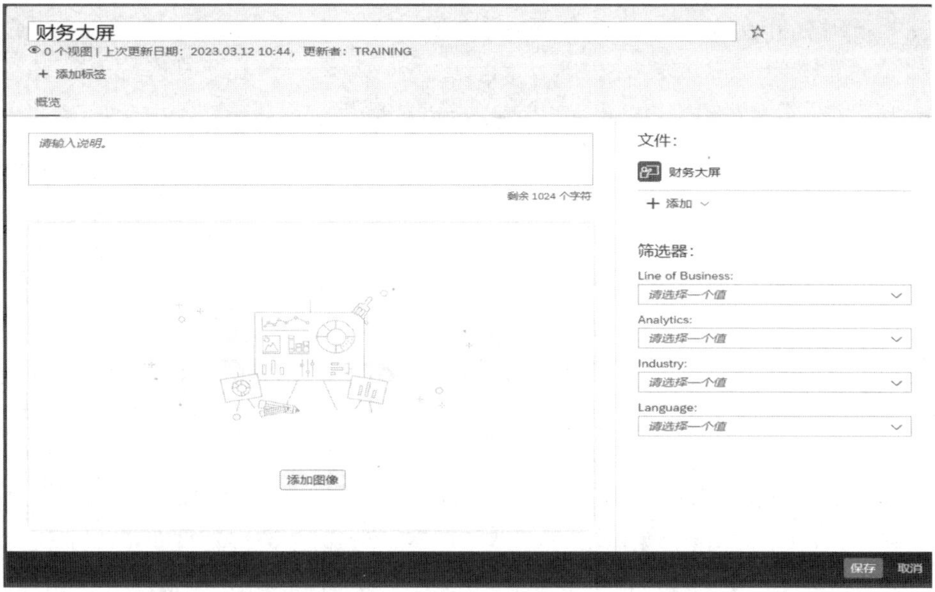

财务大屏
0 个视图 | 上次更新日期：2023.03.12 10:44，更新者：TRAINING
+ 添加标签
概览
请输入说明。
剩余 1024 个字符
添加图像
文件：
财务大屏
+ 添加
筛选器：
Line of Business:
请选择一个值
Analytics:
请选择一个值
Industry:
请选择一个值
Language:
请选择一个值
保存
取消

图 4-243 “编辑详细信息”面板

人资大屏
财务大屏
删除

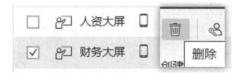

图 4-244 删除 Digital Boardroom

人资大屏
财务大屏
共享...

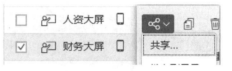

图 4-245 共享 Digital Boardroom

（6）添加 Digital Boardroom 至收藏夹，如图 4-246 所示。

财务大屏
销售大屏
添加到收藏夹

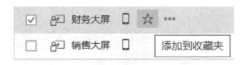

图 4-246 收藏 Digital Boardroom

（7）复制 Digital Boardroom，如图 4-247 所示。

财务大屏
销售大屏
复制到

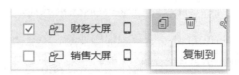

图 4-247 复制 Digital Boardroom

（8）新建 Digital Boardroom，如图 4-248 所示。

图 4-248　新建 Digital Boardroom

Digital Boardroom 有两种创建方式，分别为"议程"和"仪表盘"。"议程"是根据传统的开会模式创建项目，然后将各参会用户所需故事拖拉拽进各自会议议程中。"仪表盘"则是自由创建，用户可根据需求添加或合并故事到仪表盘中。如图 4-249 和图 4-250 所示。

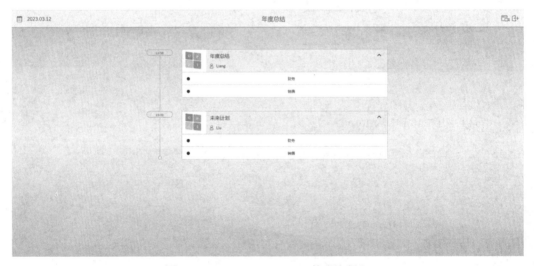

图 4-249　Digital Boardroom 的"议程"

Digital Boardroom 的屏幕可设置为"多屏""单屏"或"多个触摸屏"，用户也可以针对浏览器进行"单个浏览器配置多个显示屏"等屏幕设置。

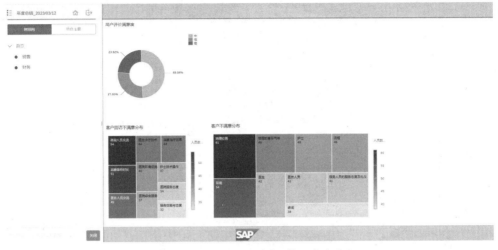

图 4-250　Digital Boardroom 的"仪表盘"

4.4.2　创建 Digital Boardroom ●●●●

Digital Boardroom 的主要作用是用户可以在应用中将各个故事串联成一个完整的业务场景，在会议上进行演讲、讨论。想要使用 Digital Boardroom，用户首先要做的是故事准备。

1．故事准备

故事中的"画布""响应页面"可用于设计 Digital Boardroom，而"网格"不支持。想要在不同尺寸的屏幕上实现自动化编排，用户可以使用"响应页面"。

故事"导入"Digital Boardroom 的导航中时，其每个页面标签都是可见的。用户可以为故事页面添加新的主题，通过修改主题名称来表达故事页面的业务场景，如图 4-251 和图 4-252 所示。

图 4-251　故事的"页面标签"

图 4-252　故事面板的"页面标签"

　　如果用户需要使用"排序""前 N 项""差异"等功能，可在对应的统计图中开启，步骤如下。

　　（1）单击统计图的"设计器"—"样式设置"。

　　（2）在"Boardroom 属性"区域中选择所需功能选项，如图 4-253 所示。

图 4-253　统计图的 Boardroom 属性

如果用户需要更换度量、维、统计图类型、编辑筛选器等功能，以 Explorer 来进一步分析统计图或表的数据，可通过启用统计图或表的数据发掘 Explorer，步骤如下。

（1）单击统计图或表的"设计器"—"生成器"。

（2）单击"属性"，在"查看模式"下勾选"启用 Explorer"，如图 4-254 所示。

图 4-254　启用 Explorer

如果用户在使用 Boardroom 时需要对数据进行修改（What-if 分析），可对故事的表启用键盘滑块功能，步骤如下。

（1）单击表下"设计器"—"样式设置"。

（2）在"Boardroom 键盘滑块"处开启"显示滑块"，如图 4-255 所示。启用滑块后的效果如图 4-256 所示。

图 4-255　开启"Boardroom 键盘滑块"

图 4-256　表的"键盘滑块"

2. 创建议程

议程是根据传统的开会模式创建项目，然后将各参会用户所需故事拖拉拽进各自会议议程中。创建议程的步骤如下。

（1）创建会议结构。

① 在首页单击"导航"—"Digital Boardroom"—"新建"—"议程"，如图 4-257 所示。

图 4-257　创建议程 Digital Boardroom

② 在"创建新演示"中，选择 Digital Boardroom 放置的文件夹，并输入唯一的技术名称与说明（可选），然后选择"确定"，如图 4-258 所示。

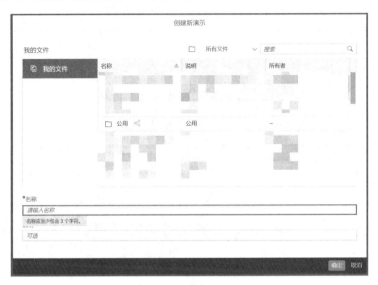

图 4-258　"创建新演示"面板

③ 在第一个议程项目中，输入项目标题、演讲者、时间，如图 4-259 所示。可使用本地文件作为图像，用于修改图标，如演讲者的个人头像、logo 等。选择"移除图像"可将已有的图像移除。

图 4-259　议程项目

（2）故事导入。

议程的内容来源于故事页面，故事页面的业务内容即是用户演示时所呈现的数据，故事导入的步骤如下。

① 选择"库"—"故事"面板。

② 在"故事"面板选择"导入"。

③ 在弹出的"导入的故事"对话框中选择故事，单击"导入"，如图 4-260 所示。

图 4-260　故事面板

导入后的故事在"故事"面板中以捆绑方式显示，如图 4-261 所示。

图 4-261　故事面板

（3）将故事添加到主题。

在 Digital Boardroom 中，主题是故事的容器。用户可以创建多个主题并在主题中添加及创建关联，Digital Boardroom 会遵循用户创建的关联顺序来显示故事。创建主题及添加故事的步骤如下所示。

① 在议程项目处单击"添加主题"，添加一个空白的主题，该主题可修改。

② 从"故事"面板处将故事拖曳进主题中，可以是整个故事，也可以是故事中的标签页。如图 4-262 所示。

图 4-262　议程项目

（4）查看议程。

在创建议程期间，用户可随时保存。在工具栏"查看"区域中选择"开始演示"，即可启动 Digital Boardroom 演示保存好的议程。

3. 创建仪表盘

仪表盘通过自由格式主题创建，用户可根据需求添加故事。创建仪表盘的步骤如下。

（1）创建会议结构。

在首页单击"导航"—"Digital Boardroom"—"新建"—"仪表盘"，如图 4-263 所示。

图 4-263　创建仪表盘 Digital Boardroom

在"创建新演示"中，选择 Digital Boardroom 放置的文件夹，并输入唯一的技术名称与说明（可选），然后选择"确定"，如图 4-264 所示。

图 4-264　"创建新演示"面板

在根主题处输入标题,根主题是无法被删除的,可用故事页面填充根主题,如图 4-265 所示。

图 4-265　根主题

（2）故事导入及添加至主题。

仪表盘内容也来源于故事页面,故事导入及添加至主题的步骤与故事页面开发一致。

（3）查看仪表盘。

在创建仪表盘期间，用户可随时保存。在工具栏"查看"区域中选择"开始演示"，便可启动已保存的 Digital Boardroom 演示，如图 4-266 所示。

图 4-266　工具栏

4．添加主题筛选器

创建 Digital Boardroom 后，用户可通过主题包含的模型添加筛选器。主题筛选器比故事筛选器更灵活，可对主题中所有故事的数据进行过滤。如果用户只需应用单个主题，可在筛选器中取消选择"此筛选器适用于下层主题"，具体步骤如下。

（1）单击工具栏的"主题筛选器"。

（2）在"主题筛选器"界面单击"添加主题筛选器"。

（3）在提示中选择对应某个模型和维度，如图 4-267 所示。

图 4-267　添加"主题筛选器"

（4）取消"此筛选器适用于下层主题"，如图 4-268 所示。

图 4-268　取消"此筛选器适用于下层主题"

5．外观设置

我们可以通过"样式设置"和"故事样式设置"来设置属于自己的 Digital Boardroom 演示外观。"样式设置"界面通过单击菜单栏处"样式设置"即可打开。

"故事样式设置"通过单击"主题"—"设计器"—"样式设置"—"故事样式设置"打开，设计器界面如图 4-269 所示。

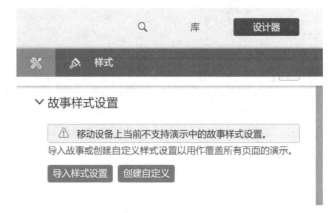

图 4-269　设计器界面

4.4.3　运行 Digital Boardroom ●●●●

Digital Boardroom 的演示由一个或多个主题组成，每个主题可包含一个或多个故事页面，通过导航菜单栏实现主题之间的切换，如图 4-270 所示。

图 4-270　主题导航菜单栏

子主题会显示导航路径，用户可选择任意父主题返回，如图 4-271 所示。

年度总结_2023/03/12 / 首页 / 销售

图 4-271　导航路径

当主题中包含多个故事页面时，可通过页面列表选项进行跳转，如图 4-272 所示。

图 4-272　页面列表

同时，页面会显示导航按钮，实现故事页面间的跳转，如图 4-273 所示。

图 4-273　导航按钮

如需进行其他操作，用户可通过操作栏与上下文菜单实现，如图 4-274 和图 4-275
所示。需要注意的是，操作栏与上下文菜单支持自定义，不同环境下的菜单可能有所
不同。

图 4-274　操作栏

图 4-275　上下文菜单

排好计划

企业用户常常会在数据分析时遇到这样的问题：目前已有的预算编制、销售计划等需要调整，但如何调整才合适呢？

SAP Analytics Cloud 可以帮助企业建立一套完整的预算编制流程，从而对从预算计划到预算授权再到预算执行的各个环节进行全面管理和控制。

5.1 业务价值

预算和计划编排是企业管理中非常重要的一环。全面预算管理框架（如图 5-1 所示），可以帮助企业规划资源使用、提高决策质量、控制成本和风险、提高资源利用效率，促进企业协调和协作，从而为企业的稳健发展奠定坚实的基础，详情如下。

（1）有效规划资源。预算和年度计划编排能够帮助企业有效规划和分配资源，如人力、物力和财力等，以确保资源得到最佳利用，从而提高企业的运营效率。

（2）提高决策准确性。预算和年度计划编排能够帮助企业领导层更好地理解企业的业务状况和未来趋势，从而使他们能够做出更加准确和有效的战略决策。

（3）降低成本和风险。预算和年度计划编排能够帮助企业控制成本和风险，从而使企业能够更好地保持稳健的发展态势。

（4）提高资源利用率。预算和年度计划编排能够帮助企业更好地利用资源，提高资源利用率，从而提高企业的运营效益。

（5）促进内部协作。预算和年度计划编排能够促进企业内部各部门之间的协调和协作，从而更好地实现企业目标。

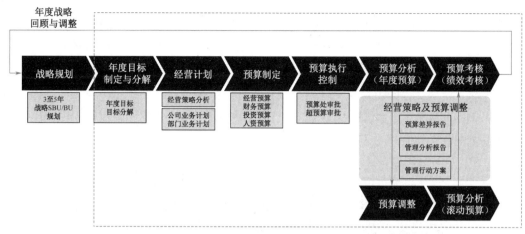

图 5-1　全面预算管理框架

全面预算管理对企业很重要，如何运用技术手段高效完成预算和计划的编排对企业的发展有着重要影响。

5.2　功能简介 ●●●●

SAP Analytics Cloud 的"计划"（英文为 PLANNING，后续统一称为"计划"）是企业为了实现战略目标而制定的方案，其架构如图 5-2 所示。方案通常包括年度预算、预测进度跟踪及方案模拟等环节，以寻找新的机会并确定如何实现战略目标。企业制订计

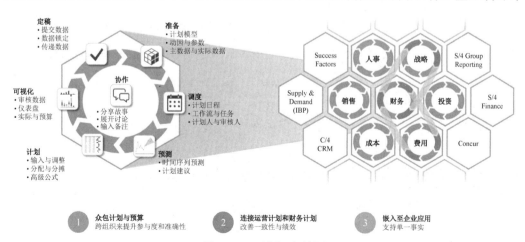

图 5-2　"计划"架构图

划的方式通常是收集不同部门的数据，考虑市场中的趋势、风险和机会，并利用实际值预测未来的情况。SAP Analytics Cloud 的"计划"通过将数据收集、计划模拟等步骤系统化，让企业能够有效规划资源和决策，从而实现其战略目标。

实施"计划"功能包括以下 3 个流程：数据模型准备、计划功能落地、计划场景运用，如图 5-3 所示。在计划场景运用中，预测和分析可以为计划的高效运用以及准确性提供更多支持。

图 5-3　"计划"应用流程图

（1）数据模型准备。企业需要准备相关的数据和信息，存储到 SAP Analytics Cloud 的计划数据模型中，以便在后续的计划过程中使用。模型中的数据包括各个部门的业务数据、调查市场的趋势、风险和机会等。

（2）计划功能落地。企业会基于战略目标制订具体的预算计划，该计划通常包含制定年度预算、设定目标和指标、资源分配等。这些内容可通过 SAP Analytics Cloud 的页面功能进行编制测算，进一步对数据预测及管理决策进行有针对性的调整。

（3）计划场景运用。对于已颁布的计划，企业需要不断监测实际执行情况，并随时进行调整和改进，确保战略目标最终能够达成。

① 分析：赋能项（非必需步骤）。企业通过分析工具及对应的数据分析方法，对计划和预测的结果进行评估、分析，有助于企业及时发现潜在的问题或机会，并采取有针对性的行动。

② 预测：赋能项（非必需步骤）。企业以历史数据为基础，通过趋势分析等工具预测未来的情况和趋势，有助于企业制订更加准确、可执行的计划，避免决策失误。

5.3　数据模型准备 ●●●●

数据模型是所有数据功能的基础，"计划"功能也不例外。计划中的数据模型是在分析数据模型的基础上，增加了计划模型相关的配置及维度等内容。

5.3.1　准备业务数据 ●●●●●

在准备预算计划时，各部门需要确定自己的预算目标和指标，收集相关数据和信息，根据企业的战略和经营目标，制订年度预算计划和滚动计划，再逐步细化业务专题计划。在实施预算计划时，各部门需要不断监测和评估计划的执行情况，并根据实际情况进行调整和改进，确保预算目标的达成。

1．年度预算计划

基于年度预算的管理，有全面化管理和轻量化管理两种方式，需要准备的数据内容也不尽相同。

在全面化管理方式下，各部门需要从各个角度进行预算的编制，需要尽量多地获取下列数据内容。

（1）历史版本财务实际数据，如收入、支出、利润等。

（2）历史版本财务预算数据，如预算、现金流量预测、利润预测等。

（3）企业内部各部门的业务数据，如销售、生产、人力资源等。

（4）外部市场数据，如行业增长率、市场份额、竞争对手分析等。

（5）风险机会情况，如外部经济、内部流程改进等。

（6）其他相关数据，如税收、汇率等。

2．月/季滚动计划

基于月/季滚动预算的管理，更多依赖于敏捷地根据实际情况的变化，局部调整年度预算，需要准备的数据也比年度预算少。例如，月度滚动销售预算、月度滚动毛利预算等。

3．业务专题计划

基于业务专题计划的管理，将与业务活动的实际情况融合，从事前的模拟测算，到事中的监控，再到事后的复盘分析。这些业务专题预测可以是单部门的，也可以是跨部门的。单部门的业务专题预测主要基于部门内部的业务管理流程进行计划，如销售计划等；跨部门的业务专题预测会涉及多部门的计划数据及实际数据的联动管理，各方面的复杂程度更高,如 S&OP 等。企业各部门常见的专题计划如下。

(1)财务部门计划:资金流入流出、资产负债表、利润表等方面的计划。

(2)人力资源部门计划:员工薪资、福利、培训、招聘等方面的计划。

(3)生产部门计划:生产流程、设备、原材料等方面的计划。

(4)销售部门计划:销售目标、销售额、市场份额等方面的计划。

(5)研发部门计划:新产品研发、技术投入等方面的计划。

(6)市场营销部门计划:市场调研、品牌宣传、广告投入等方面的计划。

(7)物流部门计划:物流流程、仓储、配送等方面的计划。

5.3.2 数据模型开发 ●●●●●

在常规数据模型的配置过程中,用户还需要注意配置与"计划"相关的一些内容。

1. 开启模型的"计划"功能

如果已经创建好了模型,用户可以通过"常规"—"模型首选项"—"计划"—开启"计划功能",开启模型的计划功能,如图 5-4 和图 5-5 所示。

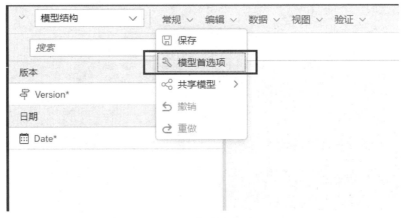

图 5-4 模型首选项

如果是创建新模型,用户可以在"创建模型"页面中,找到右侧的"详情信息"栏,单击"启用计划"来开启计划功能,如图 5-6 所示。

图 5-5　在已创建模型中开启"计划功能"

图 5-6　创建新模型时启用计划

2. 版本

版本管理主要针对单个模型进行多业务场景的数据版本管理，并且在使用和调整某个版本的数据时，不会影响其他版本的数据。用户可以在预算、计划、预测和滚动预测场景中运用版本管理（如图 5-7 所示），在某些特殊情况下还可以用版本管理来区分测试数据与生产数据。

图 5-7　版本类型

在模型中，主要配置和使用到的版本功能在数据管理页面中。在数据导入配置的过程中，数据导入方法可以指定为"清除并替换选定的版本数据"（默认是 Actual 版本），如图 5-8 所示。

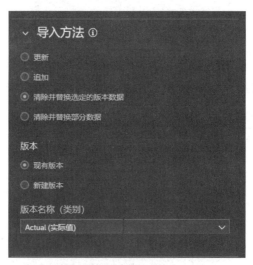

图 5-8　清除并替换选定的版本数据

在数据导入时也可以创建新的数据版本，这样不会影响之前版本的数据，如图 5-9 所示。

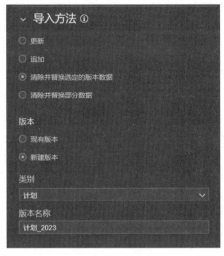

图 5-9　新建版本

3. 账户配置

完成模型的创建之后，用户可以在模型中进行"账户"（Account）的配置（如图 5-10 所示），例如，配置对应的计算公式。

图 5-10　"账户"配置

常见的计算公式有运算、逻辑条件、数学、格式转换等。在"计划"模型中，最重要的公式是 INVERSE 和 INVERSEIF。这些计算指标的公式配置建议在模型设计时和普通指标一同完成，如图 5-11 所示。

图 5-11 INVERSE 和 INVERSEIF 公式

（1）INVERSE。INVERSE 被称为反演公式，主要是按照指定的规则进行反向计算。例如，通过价格和数量计算销售金额（[AMOUNT] = [PRICE] * [QTY]）。如果需要调整销售金额的值，则需要通过反演公式将结果影响到数量或者价格，对应的反演公式为（以结果影响到数量为例）：[QTY]*[PRICE]| INVERSE([PRICE]:=[AMOUNT]/[QTY])，如图 5-12 所示。

（2）INVERSEIF。INVERSEIF 与反演公式功能相似，被称为条件反演公式，增加了判断功能以处理特殊场景需求。如果常规公式含有判断条件，那么对应的反演公式就需要用条件反演公式。

至此，我们即将完成"计划"功能的数据模型开发，剩余的配置项，如首选项中的数据分解、优化推荐计划范围、计划性能的大小限制等，就不一一讲解了。接下来将重点讲述如何使用这些准备好的数据。

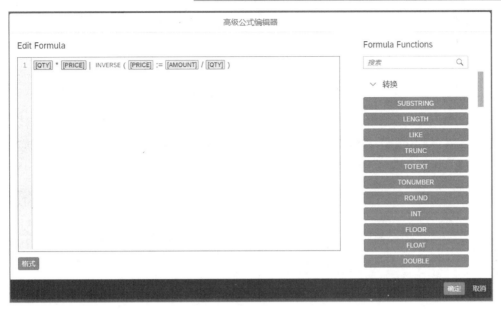

图 5-12　反演公式

5.4　计划功能落地

对模型数据的使用主要涉及两个方面：一是在前端页面上通过计划功能实现对数据的使用；二是通过页面的后台功能实现对数据的使用，如数据操作、分配分派及多步操作等功能。下面先讲页面的使用，再由浅入深地讲解后台的数据操作、分配分派及多步操作等功能。

5.4.1　页面使用计划功能

通过前端页面使用数据，主要是在表格中完成对模型数据的分配分摊。如果希望在页面上实现跨模型处理数据，用户就需要在页面上调用数据操作、分配分派及多步操作等功能。下面将通过"页面表格的分配分摊"和"页面的数据操作使用"分别讲述如何在前端页面上完成数据操作功能。

1．页面表格的分配分摊

在实际应用场景中，无论是分配分摊还是数据填报，都需要用户在页面上进行数据填报、修改或者分摊等功能操作。本小节将重点讲解计划中页面表格的使用，包括表格修改单个或汇总调整数据、发布数据、还原数据、版本管理、锁定单元格、分摊值等功能点。其中最基础的是表格修改单个或汇总调整数据、发布数据、还原数据，然后根据具体业务场景选择使用版本管理、锁定单元格、分摊值等功能。

在准备好计划模型的前提下，开发的步骤变得十分简单。只要选择配置好的计划模型（普通模型未开启计划功能，将不能进行下述计划调整操作），后续步骤和常规的故事表格开发一致，完成后的界面如图 5-13 所示。

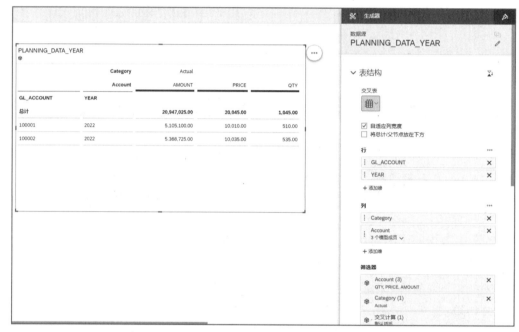

图 5-13　故事表格

（1）表格修改单个或汇总调整数据。

完成模型及故事表格开发后，用户可以直接修改表格中的单个数值。具体操作如下。

① 双击单元格内容（如图 5-14 所示）或选中单元格后直接输入。

② 直接修改内容，如图 5-15 所示。

③ 加减值，如图 5-16 所示。

PLANNING_DATA_YEAR		Category	Actual		
		Account	AMOUNT	PRICE	QTY
GL_ACCOUNT	YEAR				
总计			20,947,025.00	20,045.00	1,045.00
100001	2022		5,105,100.00	10,010.00	510
100002	2022		5,368,725.00	10,035.00	535.00

图 5-14　双击单元格内容

PLANNING_DATA_YEAR		Category	Actual		
		Account	AMOUNT	PRICE	QTY
GL_ACCOUNT	YEAR				
总计			20,947,025.00	20,045.00	1,045.00
100001	2022		5,105,100.00	10,010.00	5100
100002	2022		5,368,725.00	10,035.00	535.00

图 5-15　直接修改内容

PLANNING_DATA_YEAR		Category	Actual		
		Account	AMOUNT	PRICE	QTY
GL_ACCOUNT	YEAR				
总计			20,947,025.00	20,045.00	1,045.00
100001	2022		5,105,100.00	10,010.00	+5000
100002	2022		5,368,725.00	10,035.00	535.00

图 5-16　加减值

④ 加减百分比，如图 5-17 所示。

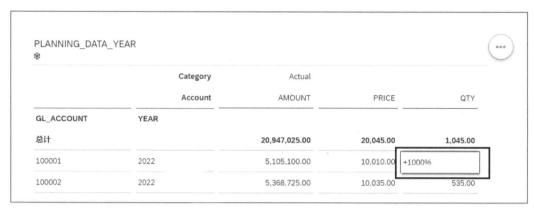

图 5-17　加减百分比

⑤ 单击 "Enter" 或在空白处单击鼠标即可以看到调整后高亮底色的数据，如图 5-18 所示。

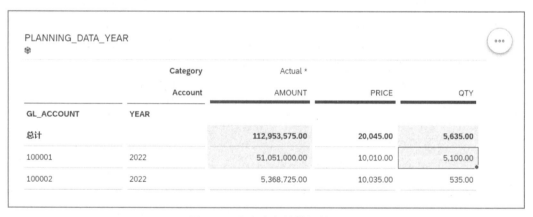

图 5-18　高亮底色的数据结果

如果将表格的总计功能开启（如图 5-19 所示），则可直接在总计功能中进行调整，默认按原值的比例分摊到各子项，调整前后如图 5-20 和图 5-21 所示。

PLANNING_DATA_YEAR
Category
Actual *
Account
AMOUNT
PRICE
QTY
GL_ACCOUNT
YEAR
钻取
排序选项
显示选项
显示/隐藏
添加成员
表函数
无值
总计
属性
总计
100001
100002
173,289,025.00
20,045.00
8,645.00
66,166,100.00
10,010.00
6,610.00
20,421,225.00
10,035.00
2,035.00

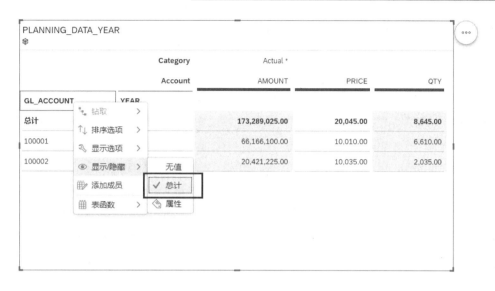

图 5-19　总计功能开启

PLANNING_DATA_YEAR
Category
Actual
Account
AMOUNT
PRICE
QTY
GL_ACCOUNT
YEAR
总计
20,947,025.00
20,045.00
2045
100001
2022
5,105,100.00
10,010.00
510.00
100002
2022
5,368,725.00
10,035.00
535.00

图 5-20　调整前

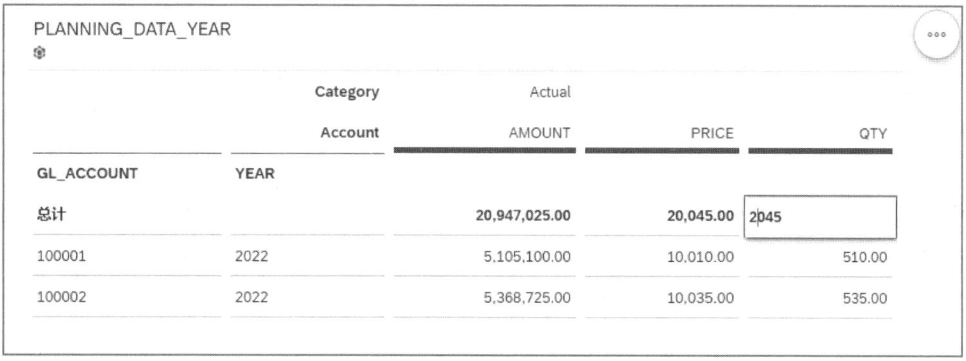

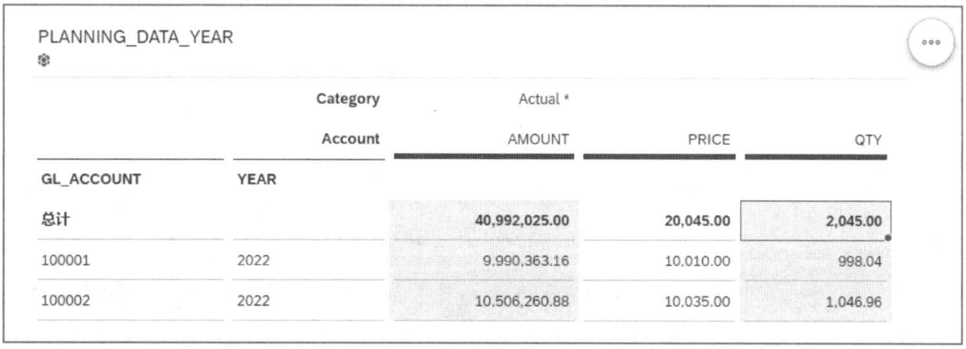

PLANNING_DATA_YEAR
Category
Actual *
Account
AMOUNT
PRICE
QTY
GL_ACCOUNT
YEAR
总计
40,992,025.00
20,045.00
2,045.00
100001
2022
9,990,363.16
10,010.00
998.04
100002
2022
10,506,260.88
10,035.00
1,046.96

图 5-21　调整后

（2）发布数据还原数据。

数据调整完成后，如果希望让其他用户看到，用户则需要"发布数据"，如图 5-22 所示。如果发布后发现数据调整有问题希望回滚，用户可以在"发布数据"功能下拉框中选择"还原数据"，如图 5-23 所示。

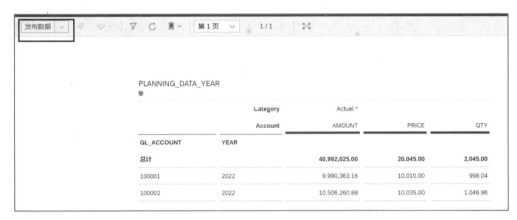

图 5-22　发布数据

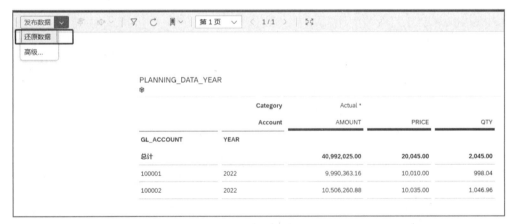

图 5-23　还原数据

（3）版本管理。

版本管理是非常重要的功能，主要对不同业务场景中的数据进行版本管理。创建多版本的模拟计划等数据，用户可以创建私有版本数据或发布公有版本数据，这都不影响原始"Actual 版本"数据。在特定的业务流程中，用户也可以将最终模拟版本的数据更新至最新的"Actual 版本"中。具体操作如下。

① 先选中数据表格，再单击版本管理图标 ，如图 5-24 所示。

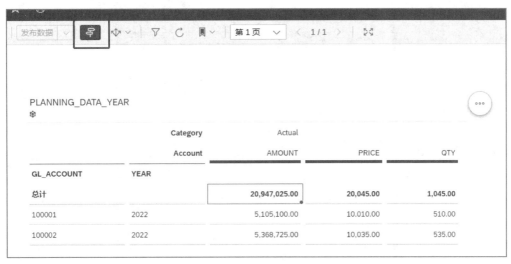

图 5-24　版本管理

② 在右侧的功能栏中，单击复制数据按钮 （如图 5-25 所示），可以复制对应场景的版本数据（如图 5-26 所示）。

图 5-25　复制数据

将数据复制到私有版本

**版本名称

Planning_data_2023

更改换算

默认货币 (USD)   ∨

只有在换算在网格中可见时，私有版本才显示

类别

实际   ∨

● 复制所有数据
○ 复制可见数据
○ 选择要复制的数据
○ 创建空白版本
○ 复制推荐计划范围内的数据 ⓘ

☐ 包括所有留言 ⓘ

确定 取消

图 5-26　复制配置项

③ 查看复制结果，如图 5-27 所示。

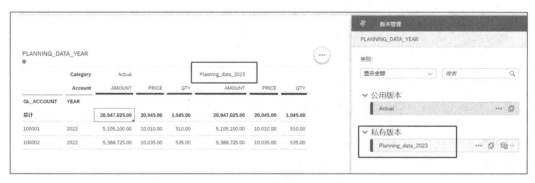

图 5-27　复制结果

复制的私有版本数据可进行调整、修改，最后发布或发布为"Actual 版本"（如图 5-28、图 5-29 所示）或者 Planning 版本（如图 5-30 所示）。

图 5-28　发布"Actual 版本"

图 5-29　发布为"Actual 版本"

图 5-30　发布为 Planning 版本

（4）锁定单元格。

锁定单元格，进行汇总或小计的调整，调整值将不会影响到该锁定单元格的值，如图 5-31 所示。

例如，有 A、B、C 三个区域的销售额目标，A 区域属于成熟市场区域，销售额基本无法增长。将总销售额目标提高 10%，不希望影响到 A 区域，只影响 B、C 区域，这时候可以对 A 区域的销售额目标进行"锁定单元格"操作。

图 5-31　锁定单元格

（5）分摊值。

分摊值功能强大，用户可以按照实际需求将数值配置在表格上进行分摊。分摊功能较多，可代替很多需要手工调整计算的功能。

选中数据表格后，单击"分摊值"（如图 5-32 所示）或右键单击表格选择"分摊值"，然后在右侧弹出的窗口中配置相关内容，就可实现按目标进行金额分摊。如图 5-33 所示，将 10000 的数量均等分摊到选中的单元格中。

发布数据	∨	⊕	⇕	∨	▽	↻	▤	第1页	∨	⟨	1/1	⟩	⤢

	分摊值	(Ctrl+Alt+D)
	执行分配与分摊流程	

PLANNING_DATA_YEAR

	Category	Actual		
	Account	AMOUNT	PRICE	QTY
GL_ACCOUNT	YEAR			
总计		20,947,025.00	20,045.00	1,045.00
100001	2022	5,105,100.00	10,010.00	510.00
100002	2022	5,368,725.00	10,035.00	535.00

图 5-32　分摊值

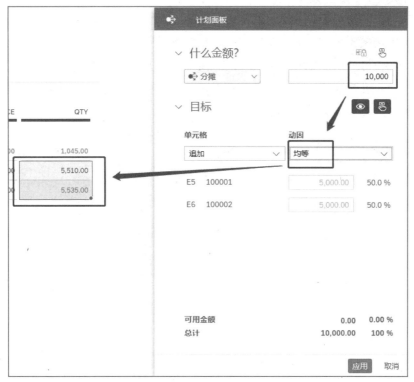

图 5-33 均等分摊

"分摊值"的选项很多，用户可以手动输入值进行分摊，可以引用单元格进行分摊，也可以按指定规则比例进行分摊等。在熟练使用后，这一功能将可以代替很多手动分摊的操作。但该分摊功能较为复杂，用户的学习成本较高。如果需求场景比较固定，用户应尽量通过数据操作的调用来实现分配分摊。

2. 页面的数据操作使用

对于用户而言，通过页面表格的分配分摊调整数据是计划中最重要的功能之一。但很多场景中的需求，仅通过页面表格的分配分摊是不能满足的，如多模型的数据合并汇总等。这时候就需要通过数据操作来实现。而且，有些需求要求在前端页面触发"数据操作"，在后台完成数据操作的逻辑处理后及时在页面查看，这就需要在页面上配置数据操作。

下面主要讲解在页面上调用数据操作，至于分析应用对数据操作的调用，此处仅介绍相关代码示例。

（1）故事中使用数据操作。

在菜单栏选中添加"计划触发器"（如图 5-34 所示），选择"数据操作触发器"（如图 5-35 所示），最后选中对应要执行的"数据操作"并勾选"自动发布目标版本"（如图 5-36 所示）。如果没有勾选"自动发布目标版本"，其他用户将无法看到执行"数据操作"后的数据，直到"发布数据"后。

图 5-34　计划触发器

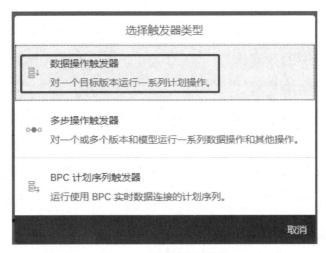

图 5-35　数据操作触发器

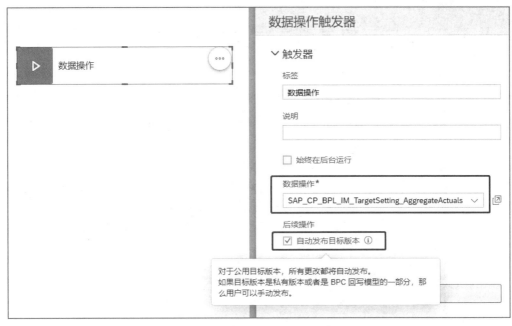

图 5-36　数据操作触发器配置项

（2）分析应用中使用数据操作。

基于分析应用强大的代码功能，用户也可以用 execute 方法或 executeInBackground 方法进行数据操作的调用，如图 5-37 所示。

图 5-37　execute 方法调用示例

5.4.2 数据操作常规使用 ●●●●○

常规的数据操作可以在同一个模型内处理数据，也可以跨模型处理数据。数据操作主要有 5 个功能，分别是复制步骤、跨模型复制步骤、分配与分摊、嵌入式数据操作步骤、高级公式步骤。下面主要讲述复制步骤和跨模型复制步骤，它们可以满足常规计划中数据处理的需求，如图 5-38 所示。

图 5-38　数据操作

1. 复制步骤

复制步骤主要满足同一个模型内，对数据改变维度值的复制。例如，将 2022 年的销售数据复制为 2023 年的销售数据，如图 5-39 所示。

2. 跨模型复制步骤

当需要跨模型进行数据复制时，"复制步骤"无法满足此需求，此时需要用到"跨模型复制步骤"。本功能主要满足跨模型对数据改变维度值的复制。例如，将"实际销售数据模型"中的 2022 年的实际销售数据复制到"预算销售数据模型"中，同时改维度值为2023 年的销售目标数据，如图 5-40 所示。

图 5-39　复制步骤

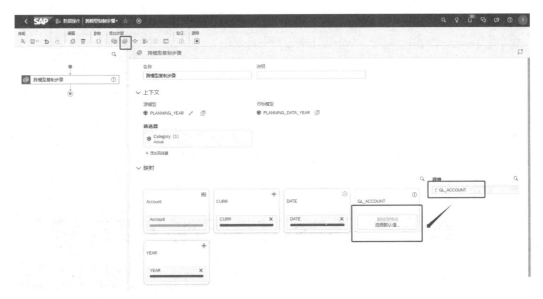

图 5-40　跨模型复制步骤

5.4.3 分配分摊和多步操作 ●●●●○

相较于数据操作，分配分摊和多步操作不是很重要，但是在一些应用场景下是不可或缺的。下面将详细介绍它们是如何释放计划的最大价值的。

1. 分配分摊

用户可以通过数据操作调用分配分摊功能，也可以通过页面调用分配分摊功能。数据操作与分配分摊的应用场景有哪些？通过数据操作调用分配分摊与页面上的分配分摊有什么区别？下面将逐一讲解。

页面上的"分摊值"主要代替简单的计算，而"分配分摊"功能可以进行复杂的数据分摊。常用的场景包括成本分摊、费用分摊、目标拆解分摊等。用户常用的有"一次分摊"和"互相重复分摊"。下面以"按销量进行分摊管理费用"一次分摊作为示例。

首先，在"分配分摊"功能配置中创建"流程"和"步骤"，如图 5-41 所示。

图 5-41 创建分配分摊

其次，配置分摊规则，将源成员"COST"成本，按照动因成员"QTY"，分摊至目标"MATERIAL"，如图 5-42 所示。

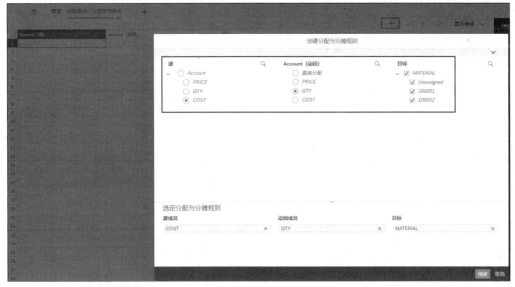

图 5-42 分摊规则

最后，在故事中使用分摊功能，可看到分摊前的金额（如图 5-43 所示），执行配置好的分摊流程（如图 5-44 所示），最终可得到分摊结果（如图 5-45 所示）。同理，这个分摊流程也可以通过数据操作来触发，从而完成分摊步骤。

PLANNING_DATA_MATERIAL_YEAR			
Category	Actual		
Account	PRICE	QTY	COST
MATERIAL			
Unassigned	–	–	20,000.00
100001	10,010.00	510.00	–
100002	10,035.00	535.00	–

图 5-43 分摊前的金额

2. 多步操作

在历史版本中，多步操作具有一次执行多个数据操作的功能。此功能在数据操作内部也可以通过"嵌入式数据操作步骤"来实现。随着版本的更新，数据操作和多步操作不再只是如此简单的关系。多步操作可以调用很多功能，如数据操作步骤、版本管理步骤、数据导入步骤、API 步骤等，如图 5-46 所示。

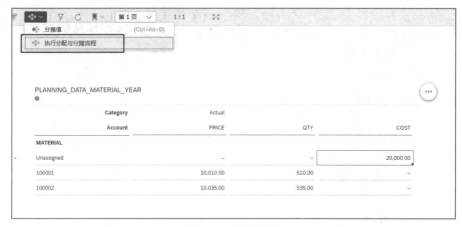

图 5-44　执行分摊

图 5-45　分摊结果

图 5-46　多步操作

（1）数据操作步骤。

在"多步操作"中添加"数据操作步骤"，如图 5-47 所示。

图 5-47　数据操作步骤

（2）版本管理步骤。

在"多步操作"中添加"版本管理步骤"（如图 5-48 所示），实现数据版本的发布。

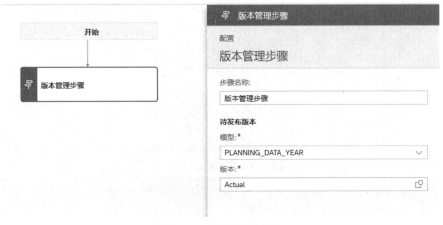

图 5-48　版本管理步骤

（3）数据导入步骤。

在"多步操作"中添加"数据导入步骤"（如图 5-49 所示），实现数据模型的作业触发，可应用在计划或分析前，先进行数据更新等功能。

图 5-49　数据导入步骤

（4）API 步骤。

在"多步操作"中添加"API 步骤"（如图 5-50 所示），实现在多步操作中调用 API 触发远程活动，可应用在"数据导入步骤"等的前置条件，用来触发其他业务系统 API 提前进行逻辑处理。

图 5-50　API 步骤

至此我们已经初步了解了多步操作的数据操作步骤、版本管理步骤、数据导入步骤及 API 步骤功能。多步操作的其他功能及细节就不展开叙述了。

5.4.4 进阶高级公式 ●●●●

SAP Analytics Cloud 的计划功能非常强大，调整、操作、分配、分摊能满足绝大多数预算计划应用场景的需求，但还是会有一些特殊应用场景需求无法得到满足，此时可能需要用到高级公式。

1. 高级公式的操作模式

高级公式有两种操作模式：一种是可视化模式（如图 5-51 所示），另一种是脚本模式（如图 5-52 所示）。两种模式各有特点，用户可根据自己的习惯和能力及实际情况合理选择。

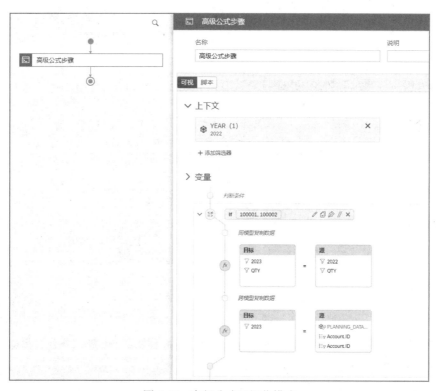

图 5-51 高级公式可视化模式

图 5-52　高级公式脚本模式

可视化模式可以作为用户使用高级公式的入门指导，将通过可视化的方式完成高级公式的配置，减少用户对脚本层面的学习和理解。通过可视化模式配置完成后，用户也可以切换至脚本模式，查看生成的脚本，进行对比学习。下面主要通过可视化模式与脚本模式对比的方式对高级公式进行讲解，帮助用户深刻理解高级公式处理数据的逻辑。

脚本模式是直接编写脚本，熟练的专业用户会获得优质的使用体验。用户可以从脚本逻辑层面去思考数据的操作处理，最后可以利用可视化模式进行脚本逻辑的检查。

两种模式的特点对比如表 5-1 所示。

表 5-1　可视化模式和脚本模式的特点对比

特　　点	模　　式	
	可视化模式	脚本模式
用户角色	初学者及有技术能力的业务用户	专业的 IT 用户
逻辑复杂度	简单逻辑：不需要编写代码的简易场景	复杂的逻辑：通过底层原理代码思路设计逻辑，最后直接通过代码落地
实现方法	通过拖动配置实现功能	通过编写脚本来创建

2. 高级公式

高级公式有 5 个常见的公式，分别是 MEMBERSET、DATA、RESULTLOOKUP、LINK 和 IF。下面将对这些公式进行描述，这些描述不是官方的标准描述，可能不太准确，但是能够便于用户理解公式含义。

（1）筛选条件（MEMBERSET）：进行数据初始化条件的筛选。

（2）处理数据（DATA）：作为目标要写入的数据范围。

（3）获取数据（RESULTLOOKUP）：在同一个模型中，获取数据的范围。

（4）跨模型获取数据（LINK）：在跨模型中，获取数据的范围及关联条件。

（5）判断（IF）：数据处理的判断条件，处理一些特殊逻辑。

3. 高级公式特殊场景运用

高级公式有很多复杂的运用场景，SAP的官方教程提供了丰富的示例和讲解，如聚合维成员分组、设备折旧、内部回报率（Internal Rate of Return，IRR）、预测人事变动率、应收应付公司间抵消等。

如果用户想要使 SAP Analytics Cloud 在一些非常规的特殊业务场景落地，就需要深刻地理解高级公式的逻辑，再运用该脚本逻辑将业务落地。例如，在某个特殊需求场景下，用户只能够通过 SAP Analytics Cloud 数据模型进行跨模型数据处理。

在这种情况下，用户可以以用"跨模型复制数据后公式处理"或"LINK 函数"两种方式，它们各有优缺点及限制。"LINK 函数"方式官方示例较多，但有一定的局限性。下面以"跨模型复制数据后公式处理"为例进行简单的介绍，如图 5-53 所示。

图 5-53 高级公式特殊场景运用

首先，将源模型的数据复制到目标模型，给特定字段打上标识，示例中的标识字段为"MODEL_FLAG"，标识内容为 Y 的是复制到目标模型的数据。只要数据被复制到目标模型，后续处理复杂逻辑都相对简单，不会受到"LINK 函数"功能限制的影响，如图 5-54 所示。

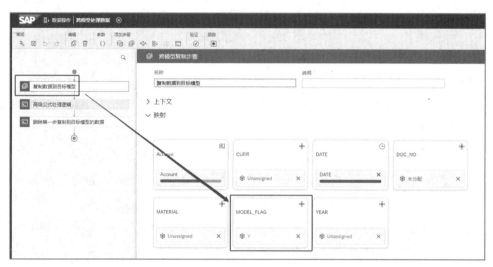

图 5-54　复制数据到目标模型

其次，进行数据逻辑处理，实际逻辑可以根据需求进行公式编写，重点是目标要筛选 MODEL_FLAG 值为"#"（未分配），源要筛选 MODEL_FLAG 值为"Y"，如图 5-55 所示。

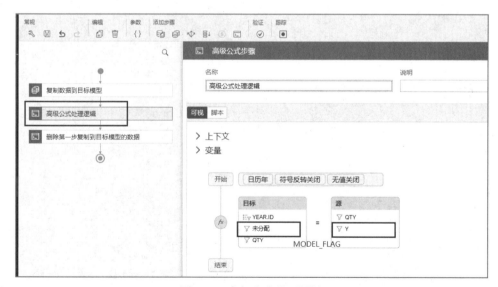

图 5-55　高级公式处理逻辑

最后，将复制到目标模型的标识数据删除，即完成跨模型数据处理，如图 5-56 所示。

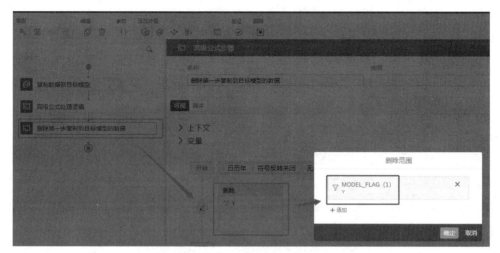

图 5-56　删除目标模型数据

非常规的应用场景并非 SAP 的官方推荐，仅建议在特殊情况使用，并加强测试及评估使用后的风险。

5.4.5　数据下发收集 ●●●●

在 SAP Analytics Cloud 的计划功能中，调整、操作、分配、分摊、高级公式能够满足基本场景的需求，后续需要通过"日历"和"输入任务"这两个功能实现数据下发收集。下面将详细讲解日历功能。

1. 日历常见操作

日历可以用于通过流程任务来实现定时任务，也可以用于定时推送故事等分析图表。日历中主要有"流程"和"任务"两类功能，下面进行简单介绍。

基于"流程"构建工作流，可以管理日历中的任务。流程可以由用户自己完成，也可以分配给同事，即使同事没有 SAP Analytics Cloud 账户，用户也可以通过电子邮件分配流程，并向其发送获取账户信息的邮件。如果设置的流程是父流程的一部分，用户可以将其设置为与父流程同时开始，这样可以更好地并行管理多个相关流程的执行。

用户可以基于"任务"完成具体的事项。日历功能中的任务有很多类型，用户可以在不同的场景下对不同的任务进行组合来满足对应的业务需求。常见的任务有以下几种类型。

（1）常规任务。常规任务是日常业务中的例行操作或活动。通过日历功能，用户可以安排和追踪这些任务的执行时间，确保任务按时完成，例如，故事、分析应用或URL对应的任务等。

（2）审核任务。审核任务涉及对特定数据、过程或操作的审查和验证。使用日历功能，用户可以安排审核任务的时间或通过另外的流程进行任务的触发，并在指定日期或特定情况下对相关数据进行审查，确保其具有准确性、合规性和完整性。

（3）组合任务。组合任务是由多个子任务组成的任务。通过日历功能，用户可以创建和管理组合任务，确保子任务在指定日期和时间按正确的顺序执行。组合任务可以处理复杂的工作流程或项目，确保每个任务都能按计划完成。

（4）数据锁定任务。数据锁定任务是为保护特定数据免受意外更改或误操作而采取的措施。使用日历功能，用户可以设置数据锁定任务的时间，并在指定日期将数据锁定，以确保数据的一致性和完整性。

（5）数据操作任务。数据操作任务涉及对数据进行复制、合并或计算等操作。通过日历功能，用户可以计划和追踪数据操作任务的执行时间，以确保数据的准确性和可靠性，如数据复制、数据合并等。

（6）多步操作任务。多步操作任务由一系列相互关联的操作步骤组成。通过日历功能，用户可以定义多步操作任务的执行顺序和时间，以确保每个操作步骤按正确的顺序和时间完成，可以帮助用户管理复杂的业务流程或工作流程。

关于日历功能实现管理流程或任务，用户需要了解一下常见操作。所有的操作都是在日历功能的页面上进行的，和常规的操作体验有所不同。下面的介绍对于第一次使用日历功能的用户而言尤为重要。

（1）创建、复制、修改和删除。相关的操作都可以在菜单栏操作（如图5-57所示）。想要完成"创建"操作，用户直接选择需要创建的流程或任务类型并填写信息即可。想要完成复制、修改和删除操作，用户选择或双击日历中对应的流程或任务后（该操作需要重点注意），才能进行后续的步骤操作。

（2）查看。创建完成后，用户有两种方式可以查看创建完成的流程或任务。日历模式通过甘特图的方式对内容进行呈现（如图5-58所示），该模式方便用户快速掌握对应时间段执行的内容。弊端是如果存在循环的任务，可能会重复出现影响用户查看。列表模式则通过列表清单的方式呈现流程任务，用户按照个人习惯选择相应的模式即可。

图 5-57　菜单栏界面

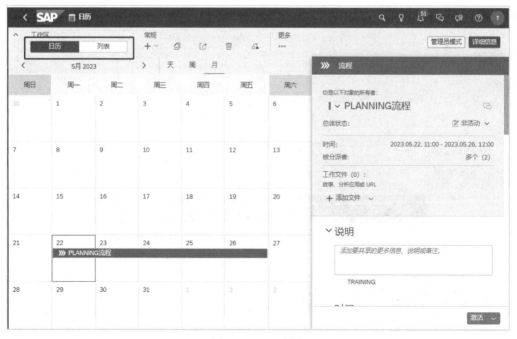

图 5-58　日历模式

2. 日历的流程、组合任务

日历功能中的"流程"和"组合任务"能满足常规场景中的需求。用户可以创建流程作为父流程，创建"组合任务"并指定"被分派者"及"审核者"，如图 5-59 所示。

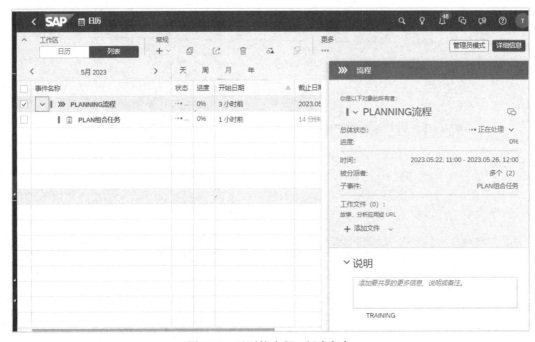

图 5-59　日历的流程、组合任务

"被分派者"将在自己的 SAC 页面上接收任务，在右上角收到标红的消息提醒通知，如图 5-60 所示。"被分派者"也会同步收到相应的邮件推送，如图 5-61 所示。

图 5-60　日历推送的通知

图 5-61 日历推送的邮件

"被分派者"单击推送的消息，将会弹出对应的填报页面，页面顶端展示对任务的操作，有"提交"和"拒绝"按钮，如图 5-62 所示。"被分派者"单击"提交"后，任务的"创建者"可在日历对应任务的概览中看到该任务状态更新为"正在处理"，如图 5-63 所示。该任务继而流向"审核者"，"审核者"会收到类似的通知。

图 5-62 推送任务的"提交"和"拒绝"按钮

图 5-63　日历任务状态的更新

　　"审核者"单击通知，弹出已经完成的填报页面，页面顶端展示对任务的操作，分别是"批准"和"拒绝"两个选项，如图 5-64 所示。若"审核者"单击"批准"，任务的"创建者"可以在日历对应任务的概览中看到该任务的状态为"成功"，如图 5-65 所示。至此，任务完成。

图 5-64　推送任务的"批准"和"拒绝"按钮

图 5-65　日历任务状态的更新

3. 日历的批量生成流程任务

　　日历功能中有一个非常实用的功能是"通过向导生成事件"。它可以批量生成流程任务（如图 5-66 所示），其核心步骤是根据模型维度的属性批量自动创建"被分派者"及"审核者"，如图 5-67 所示，此功能可省去大量重复工作。

图 5-66　创建"通过向导生成事件"

生成事件

① · ② 上下支 ──────── ③ 人员 ──────── ④ 附加设置 ──────── ⑤ 预览

3. 人员

ⓘ 如果按属性添加人员，则会自动将从每个事件的动因维的选定属性中添加用户名。不能将同一个人同时设置为被分派者和审核者，因此每个属性只能选择一次。

被分派者
按属性添加：

负责人	∨

审核者
按属性添加：

选择属性	∨

步骤 4

取消

图 5-67　根据模型维度的属性批量自动创建"被分派者"及"审核者"

4．输入任务的运用

与"日历"功能不同，"输入任务"在故事的"查看"模式下。用户可以通过单击"创建输入任务"直接发起分派事件，如图 5-68 所示。在配置模式下，用户可配置需要派发的数据版本及需要分摊（分派）的维度，对应的维度值修改后将提供给指定的被分派人员，如图 5-69 所示。如果上述页面不能够选择维度，可能是因为模型中维度的责任人未开启导致，请详细检查。

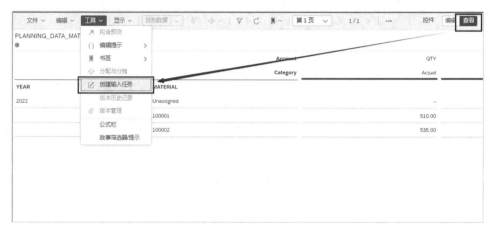

图 5-68　查看模式下"创建输入任务"

图 5-69　手工修改指定被分派者

　　单击发送后，用户需等待任务分派结果。在等待过程中，用户可以看到该任务的状况，如果需要改为其他人完成任务，用户可以通过"更改用户"重新指派，如图 5-70 所示。若全部"被分派者"都完成了填报，"已提交"进度条将拉满。创建者单击"批准全部"选项即可完成本次"输入任务"。

图 5-70　等待过程中直接"更改用户"重新指派

在使用"输入任务"功能的过程中，我们会发现，它不仅创建了"日历"流程（如图 5-71 所示），还在"输入表单"文件夹路径下创建了一个全新的故事（如图 5-72 所示）。"日历"和"输入任务"各有所长，"日历"功能较为丰富，但配置较复杂，"输入任务"功能比较单一，但配置较简单。在实际使用过程中，用户根据实际场景采用合适的方案即可。

图 5-71　"输入任务"的"日历"流程任务

图 5-72　"输入任务"的新故事

做好预测

经营预测为企业经营战略的制定提供了方案的选择和数据可行性支持，是企业计划、目标制定的必要依据。大多数企业在做可视化大屏、数据平台建设和大数据实施中，习惯于把重点放在经营过程和经营结果的分析复盘上，而忽略了计划目标的合理性和科学性。

智扬信达针对众多客户的需求推出了从咨询、设计到实施落地的模拟沙盘项目，覆盖企业完整经营过程，实现目标管理的多计划版本比对。这些项目成为客户方数字化转型的亮点项目。项目覆盖了年度经营计划（AOP）、财务经营计划（FOP）、销售运营计划（S&OP）模拟预测，以及电商、大型连锁门店的单店、单品销售预测模拟等。

近几年，随着数字化建设不断加快，越来越多的企业意识到 BI 是服务于企业经营管理的，在数据分析类项目的实施中反复强调，项目要聚焦企业日常管理活动，以业务价值为导向，以解决企业核心业务问题为目标。

在企业经营管理方面，目前较主流的方法是通过 PDCA 循环来改善、解决企业遇到的经营问题，因此数据分析应围绕 PDCA 的 4 个步骤来展开，将日常工作通过数字化的方式呈现。PDCA 循环以 P（计划；目标）为核心，没有目标，就无法衡量结果的好坏，也就无法深入地开展管理工作。如何制定一个合理的目标呢？精准的预测分析能够帮助企业管理者开拓思路，为其决策提供坚实的数据支持。

6.1 预测的重要性 ●●●●

　　预测是企业管理和制定决策过程中非常重要的一环，它可以帮助企业管理者对未来的经营情况进行预测和规划，以提前发现市场的变化、潜在的风险和机会，从而制定更具针对性的应对策略，减少风险带来的损失，抓住稍纵即逝的机会。预测还可以帮助企业管理者更合理地规划生产和销售，合理安排资源，避免浪费。总而言之，基于有效数据支撑的预测可以帮助企业管理者制定更加准确、有效的战略决策，提升企业竞争力。

　　在全球企业步入全面数字化时代的大背景下，市场竞争日益激烈，如何在制定决策时快人一步，对企业的发展至关重要。SAP Analytics Cloud 应用平台的关键战略目标是将 BI、计划和预测整合到统一、规范的云服务应用程序中，让用户能够更加便捷地使用。由于它是一个面向业务用户的智能应用，因此对业务部门或业务用户的统计分析能力要求较低，可以让他们更加专注于分析业务的本质，提高企业运转效率。

　　预测对于企业的重要性已详细阐述，而如何让业务用户可以无技术门槛，仅通过简易操作就能快速分析出结果，则是 SAP 应用需要攻克的难题。解决此难题的关键是将机器学习功能融入平台，通过智能发现和智能洞察功能帮助业务用户更快地查找、了解和分析数据，智能预测的设计逻辑简单，因此一般的业务用户也可以通过智能预测来解决日常的业务问题。

　　智能预测可以在许多不同的场景中使用，下面介绍几种常见的应用场景。

　　（1）在市场营销中，企业管理者可以使用智能预测来预测未来的市场趋势，从而做出更明智的商业决策。例如，预测产品销售量、潜在客户、价格走势和市场份额等。

　　（2）在金融分析中，各大金融机构可以使用智能预测来预测未来的经济发展和金融趋势，从而更好地管理投资组合，降低风险。例如，预测股票价格、货币汇率和利率等。

　　（3）在卫生健康领域，医疗机构可以使用智能预测对未来的疾病发生率和流行病趋势进行预测，从而更合理地配置医疗资源和开展疾病预防工作。例如，对流感的严重程度和病毒株变异趋势等进行预测。

　　（4）在气候环境预测中，政府和环境机构可以使用智能预测来预测未来的天气和自然灾害趋势，从而更好地保护公众安全和环境。例如，预测风暴、洪水和野火等。

　　（5）在快递物流行业中，快递公司可以预测未来的物流需求和运输成本，从而更好地规划供应链和中转次数，达到降低成本的目标。

预测对企业发展至关重要，如何运用好预测，SAP Analytics Cloud 给出了很好的答案。基于 SAP Analytics Cloud 中的预测方案及对企业数据的专业分析，业务用户无须花费很多时间就能获得所需内容。

6.2 智能洞察

何为洞察？意指发现事物内在的含义，看透事物的本质。智能洞察功能可以帮助用户快捷、高效地发现数据内在的含义，为用户统计、分析数据时提供洞察能力，帮助用户更好地了解数据。在日常查看数据可视化图表时，用户往往需要深入地了解企业数据的内在关联，而借助 SAP Analytics Cloud 的智能洞察功能，用户可以更快地发现数据背后的逻辑。

6.2.1 智能洞察概述 ●●●●●

智能洞察采用可视化对象与文本洞察组合的形式，尽可能多地提供有关选定数据点或差异化信息，在智能洞察面板的故事中呈现。故事中的大多数统计图、表单元格和所有差异，都可以通过获取数据或实时 SAP HANA 连接生成智能洞察。故事中大多数统计图支持智能洞察：对比型的统计图，如条形图/柱形图、柱形折线组合图、堆叠柱形折线组合图、堆叠条形/柱形图等，都支持智能洞察对其进行差异化分析；趋势型的统计图，如面积图和折线图，常用于分析数据走势；分布图中的热图、雷达图等，能快速洞察多个指标的表现情况。

需要注意的是，智能洞察也有其局限性，例如，在某维度的层次结构中，具有几十万个节点，并且该维度的主要贡献洞察因素是基于叶节点的级别，这导致后端的主要贡献因素查询返回的结果集达到百万量级，智能洞察无法返回主要贡献因素。因此，在使用智能洞察功能时，用户应尽量保留精准有效的数据案例，以提升洞察的有效性。

6.2.2 智能洞察的类型 ●●●●●

用户可以在使用获取的数据或实时 SAP HANA 直接连接时访问智能洞察界面，详细入口有以下 3 个。

（1）在可视化对象中选择数据点或差异，然后使用上下文菜单来选择"智能洞察"。

（2）在表中的单元格中使用上下文菜单，然后选择"智能洞察"。

（3）从统计图脚注中的智能洞察动态文本中选择"查看更多…"，如图 6-1 所示。

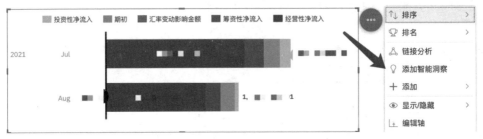

图 6-1　进入智能洞察

智能洞察包括数据点的变化、主要贡献因素和数据点的计算方式，能从不同角度快速提供所选数据点的变化或产生差异的信息。

1．数据点的变化

智能洞察会在后台对用户选择的数据点进行实时分析，确保显示的是用户近期最关注的分析维度。根据模型中的日期维层次结构（如季度、月、年等），智能洞察使用当前时间段与所有其他历史时间段对比的百分比差异结果，突出显示受关注的时间层次结构。需要注意的是，选择的数据点来源的模型必须至少包含一个日期维。要获取数据点随时间变化的智能洞察，用户必须确保日期维不在统计图中的任意一个轴上。

如果日期维筛选器应用于统计图、页面或故事级别的数据点，则智能洞察面板在返回信息时会将筛选器过滤的值纳入运算，通过文本洞察和统计图显示。文本洞察描述了智能洞察在数据中发现的随时间变化的趋势。

统计图可将数据点在不同日期维层次结构的值的变化进行可视化呈现。智能洞察面板中针对日期维层次结构显示的选项取决于模型中的日期维层次结构。根据模型的日期层次结构，可能的选项包括日、周、月、期间、季度、半年、年。统计图还可以显示所选时间层次结构的差异。

2．主要贡献因素

（1）在故事中选择"编辑"模式。如果工具栏已折叠，则选择"文件"，找到"智能洞察设置"选项将"主要贡献因素"页面打开，如图 6-2 所示。

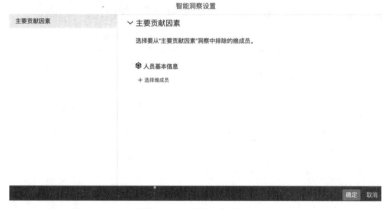

图 6-2　智能洞察设置

（2）在列表中找到相关模型，选择"选择维成员"打开维列表，从主要贡献因素的智能洞察结果中排除其中某些维。

（3）在列表中选择相关维，弹出"选择要从〈选定维〉的智能洞察中排除的成员"对话框。

（4）选择"所有成员"可排除整个维，以删除线的样式显示在对话框中，表示整个维已从主要贡献因素的智能洞察结果中排除。

（5）要排除特定维成员，需要选中维成员名称旁的相关复选框。用户还可以使用"搜索"功能来查找特定维成员。选定维成员的列表随即显示在对话框中并带有删除线，表示该维中的特定维成员将从主要贡献因素的智能洞察结果中排除。

（6）选择"确定"。运行智能洞察时，用户选择要排除的维或维成员将不会被纳入主要贡献因素结果中。然后，智能洞察面板中改为显示基于其他维找到的前 5 个主要贡献因素。

（7）如果需要再次包含维或维成员，将其纳入主要贡献因素智能洞察结果中，用户可以在智能洞察设置中取消选择维或维成员。

（8）选择"确定"。再次运行智能洞察时，这些维或维成员会再次被纳入前 5 个主要贡献因素的结果中。

3．数据点的计算方式

（1）智能洞察面板。

如果选定的数据有计算公式，那么智能洞察面板会对公式进行详细说明，包括使用的任意公式和聚合类型。用户还可以看到公式中每个度量的值，如图 6-3 所示。

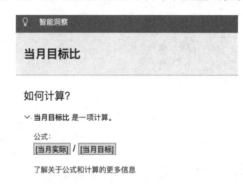

图 6-3　智能洞察面板

　　如果在统计图上应用了筛选器，那么显示的度量值将受这些筛选器的影响。用户可以通过将鼠标悬停在度量上获得公式中每个度量的深入洞察，接着可以从上下文菜单中选择智能洞察。

　　（2）聚合类型。

　　如果相关公式使用的聚合类型为"平均值""平均值（0 和 NULL 值除外）""最小值"或者"最大值"，那么智能洞察面板将会显示更多洞察结果。用户可以在数值点统计图中查看数据点的最小值、最大值和平均值的概述。智能洞察面板还会显示一个直方图，以便让用户查看用于创建计算所得数据点的度量和维的分布状况。

　　（3）异常值。

　　如果所选的数据点存在异常，那么用户可单击智能洞察面板中的"异常值"按钮，将异常值显示在直方图中。异常值往往会使得平均值出现一定的偏差。如果洞察中出现了异常值，用户可以在故事中使用其他类型的计算方式。

6.3　智能预测 ●●●●

　　SAP Analytics Cloud 预测方案可以帮助用户解决需要预测的业务问题。预测方案是 SAP Analytics Cloud 的一个功能组件，用户可以在其中创建和分析预测模型，以找到解决业务问题的最佳办法。用户可以在预测方案中创建一个或多个预测模型，每个预测模型都会生成结果的直观可视化对象，从而能够轻松解释模型中数据分析的内在逻辑。在比较了不同模型的关键质量指标之后，用户可选择最能解答业务问题的预测模型，这样就可以将此预测模型应用于 BI 数据源，以进行后续的模拟预测。

6.3.1　智能预测概述 ●●●●●

SAP Analytics Cloud 预测方案能通过高级人工智能帮助用户分析数据，在使用方案前，用户需要了解一些概念，以高效完成任务。

（1）预测方案。预测方案是 SAP Analytics Cloud 中的一个功能组件，可以创建和比较预测模型，找出能够提供最佳洞察的模型，从而帮助用户解决需要预测的业务问题。目前，用户可以选择分类模型、回归模型和时间序列预测模型。

（2）预测模型。预测模型是指智能预测在使用 SAP 自动化机器学习发掘数据的关系之后分析得出的数据结果。预测模型会根据用户设置的特定要求来生成可视化对象和性能指标，以便帮助用户理解预测结果及评估其精确度。用户还可以利用不同的预测模型，通过改变输入数据或训练设置进行反复的模拟预测，直到得到高精确度的结果为止。

（3）数据源。数据源是指用于创建预测模型的数据的形式和来源。数据源可以是数据库中的数据集，也可以是 SAP Analytics Cloud 故事中的计划模型。目前只有时间预测模型支持计划模型。

（4）目标。目标是待分析或预测值的变量。从数据源角度而言，目标是需要分析或预测的指标列或者维。

（5）实体。实体仅用于时间序列预测方案中。将总体拆分为多个不同分区，这些分区被称为"实体"。用户可以为每个实体创建一个预测模型，以便能够获得与实体的特征一致的、更精确的预测结果。

（6）影响因素。影响目标的变量被称为影响因素。一般情况下，预测模型会将所有列或维视为影响因素，在训练期间仅保留重要的影响因素。用户可以选择排除不需要包含在训练中的影响因素，这样可以过滤掉很多没有太大价值的数据。

以上是一些专有名词的解释。在智能预测开始前，用户需要做好数据准备。用户可以从 CSV 或 Excel 文件导入数据，也可以从系统中获取数据。

6.3.2　智能预测分析类型 ●●●●●

下面介绍智能预测包含的 3 种分析类型，分别是分类分析、回归分析、时间序列预测分析。

1. 分类分析

在分类分析中，用户可以通过指定特定的维度，分析指标的业务价值，预测未来趋势。

进入 SAP Analytics Cloud 后，用户可以按照以下步骤完成预测分析。

（1）打开预测方案，单击新建分类分析，如图 6-4 所示。

图 6-4 新建分类分析

（2）选择准备好的数据集，以及相应的"预测目标"和"影响因素"，如图 6-5 所示。

图 6-5 分析预测设置

（3）单击"训练"后，会出现如图 6-6 所示的训练界面。其中，整体性能指标代表分类分析的预测准确度和稳定性：预测能力值越高，模型的预测能力越强；预测置信度越高，代表着模型的数据整合分析能力越强。目标统计信息呈现了数据的统计频率和数据校验结果，影响因素贡献展示了对预测分析的权重贡献。

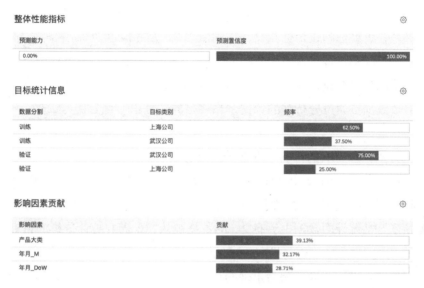

图 6-6 训练界面

混淆矩阵是分类分析的一个分页，它能通过对比数据变量的预测值与实际值来显示分类模型的分析情况，如图 6-7 所示。

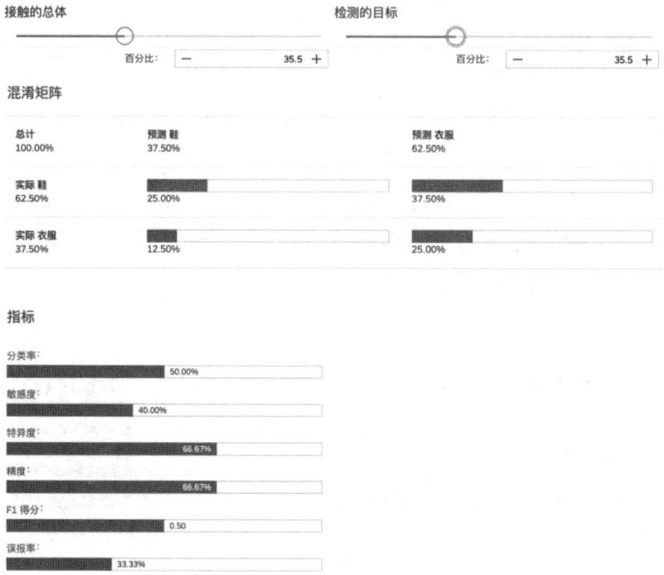

图 6-7 混淆矩阵

"接触的总体"的比值和"检测的目标"的比值用来过滤数据体量。其中，混淆矩阵有正目标和负目标之分：正目标预测值为 1，实际值也为 1，表示客户会积极响应，需要进行跟踪联系；负目标和正目标相反，预测值为 0，实际值也为 0，表示客户不会响应，也就不需要进行联系。基于该原则，我们可以对图 6-7 所示的混淆矩阵进行分析。

预测建议用户联系总体数据的 35.5%，实际的正目标同样达到了 35.5%，代表这些数据都为有效数据。通过分析鞋的数据，最终鞋的"真正"百分比为 25%。下面对具体指标进行详细解读。

（1）分类率：有 50%的正确数据被分到两个类别中。

（2）敏感度：在积极回应的数据中，只有 40%为正目标，这些数据被作为预测目标。

（3）特异度：有大约 2/3 的数据为负目标，这些数据不会被用作分析数据。

（4）精度：被统计的数据中，有 2/3 的数据被认为是需要统计分析的目标。

（5）F1 得分：0.5 分，说明只有一半达标。

（6）误检率：在这些被预测为正确的目标中，有 33.33%的数据为错误分析数据。

利润模拟也是分类分析的一种，分析方法和混淆矩阵类似。用户可以选择所要分析的数据量进行过滤，通过填写单位成本和利润，模拟分析总利润与企业总收益，如图 6-8 所示。

图 6-8　利润模拟

2. 回归分析

SAP Analytics Cloud 提供了回归分析功能，可以用于分析和可视化数据集中的关系，用户可以使用回归分析模型来预测因变量的值。回归分析如图 6-9 所示。

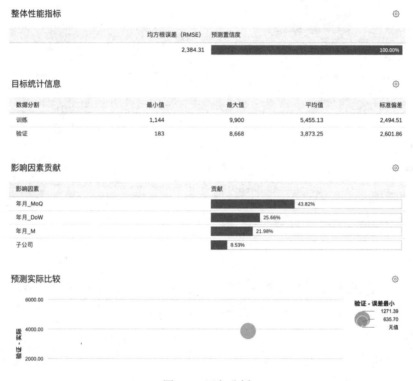

图 6-9　回归分析

回归分析过程概述如下。

（1）通过回归分析判断整体性能指标，均方根误差可衡量预测模型对应的预测值与实际值之间的平均差异。数据分析粒度越小，预测的置信度越高。

（2）目标统计信息计算需训练模型中的最小值和最大值，并算出差异。

（3）影响因素值越大，说明该维度对预测值的影响权重越大。

回归分析贡献因素如图 6-10 所示。

分组类别是对目标影响的主要因素的数据化反馈，正值代表积极的正确数据超过平均值，0 代表没有任何影响，负数代表低于总体验证数据中的平均值百分比。

回归训练的结果可以输出，用于对实际数的预测。

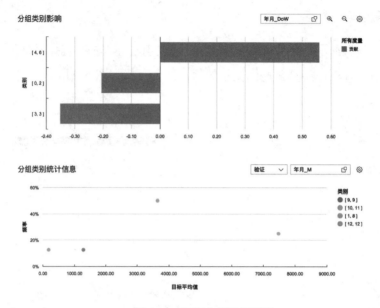

图 6-10　回归分析贡献因素

3．时间序列预测分析

时间序列预测分析与分类分析和回归分析在数据源上有所不同，它不仅支持数据集的导入，同样也支持计划模型作为数据源。

（1）概述。

用户可以新建一个时间序列预测分析模型，同时导入数据集，如图 6-11 所示。

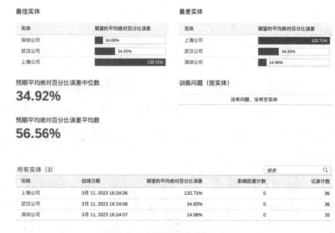

图 6-11　时间序列预测分析

根据时间序列预测分析的结果，用户可以看到训练以子公司为实体，进行期望平均值的分析，用户能够清晰地掌握各实体间的差异和完成情况。

预期平均绝对百分比误差可以检查模型的质量，误差通过实际值计算得出，误差值越低，说明模型的质量越好。

在概述的最后，用户能看到影响所有实体的因素情况，并统计其个数以供参考。

（2）预测。

在预测中，用户可以通过选定不同的实体，结合折线图详细分析实体的平均误差、预测值、实际值及异常情况，如图6-12所示。

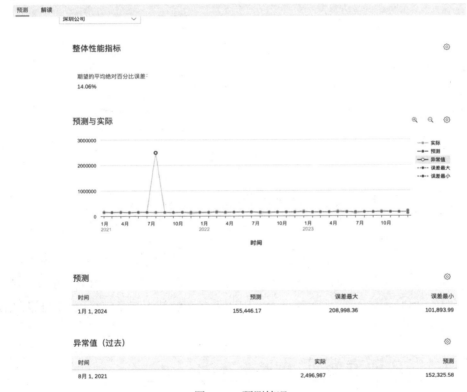

图6-12　预测情况

（3）解读。

在解读中，用户可以选择不同实体，对趋势、波动、周期影响因素等进行分析，并对其进行排序，如图6-13所示。

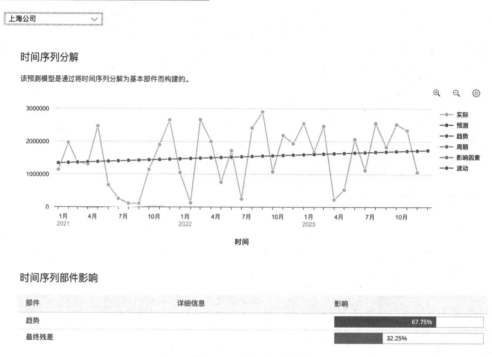

图 6-13　时间序列解读

6.4　使用 R 可视化数据 ●●●●

R 语言是一种开源的数据分析和统计编程语言，它提供了统计建模、数据处理、数据可视化等功能。R 语言是由新西兰奥克兰大学的罗斯·伊哈卡（Ross Ihaka）和罗伯特·杰特曼（Robert Gentleman）研发的，因两人名字的开头都是字母 R，因此两人决定以 "R" 来命名此语言。

6.4.1　R 语言概述 ●●●●

R 语言是一种高级解释型语言，它不需要编译，直接在运行环境中执行就可以得到结果。但是它并不是独立存在的程序设计语言，当我们单独称 R 而不是 R 语言时，其实是指 R 系统。R 也可理解为是一个集成环境，其中包含一整套数据操作、计算和图形绘制的软件包。R 还具有高效的数据存储和数据处理功能，随着大数据技术的发展，R 语言已成为大数据处理必备的工具之一。

R 语言在矩阵处理、统计分析、金融应用、图表绘制等方面都拥有非常便捷的函数与工具，可以在 Windows、Mac 和 Linux 等多种操作系统上运行。将 R 应用于数字计算、统计模型，特别是股票和期货等金融交易数据的分析、回测，甚至行情走势的研判，变得越来越热门。只需几条简短的语句 R 就可以绘制出专业的 K 线图、均线系统、布林线、MACD 等技术图形，SAP Analytics Cloud 支持用户使用 R 对企业数据进行可视化分析。

6.4.2 R 如何可视化数据 ●●●●●

想要在故事中插入 R 可视化对象，用户需要在"系统/管理"—"外部系统"中配置相关 R 环境，并运行 R 脚本。用户也可以通过运行 SAP Analytics Cloud 部署的 R 服务器运行 R 脚本。

想要在 SAP Analytics Cloud 故事和分析应用中使用 R 可视化对象功能，用户需要在 R 环境中创建一个本地 HTML 文件，再通过引用本地文件路径来调用 URL。R 环境配置如图 6-14 所示。

图 6-14 R 环境配置

在 SAP Analytics Cloud 中，R 可视化对象结构有 3 种输入分析方式，如图 6-15 所示。

（1）基于模型，指定维，或者直接添加输入数据。

（2）输入控件参数。

（3）添加脚本。

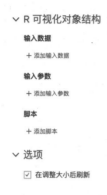

图6-15　R可视化对象结构

在故事画布中，用户可以选择"插入"功能模块的选项，再在其中选择"R可视化对象"，如图6-16所示。

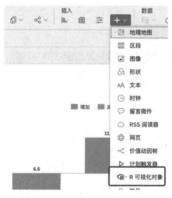

图6-16　R可视化对象

R可视化对象结构有3种输入分析方式，下面逐一进行详细介绍。

1. 配置R可视化对象的输入数据

（1）在"输入数据"选项中，选择"添加输入数据"，将会显示所选分析云中的数据集和模型，用户可以从中选择想要分析的内容。

（2）在列表中选择一个模型，如果该模型已经添加到故事，那么将会默认被使用。

（3）在行中添加维，属性列表会展示在表格中。列用于管理可用度量，如金额、数量信息等可以展示在该位置。用户还要在筛选器一栏选择分析数据的过滤条件。

（4）设置完表结构后，选择"确定"即可进行分析。在R脚本编辑器中，用户可直接通过数据帧来输入数据，并且可以为它重新命名。

2. 配置可视化对象的输入参数

（1）在"输入参数"中，从相关下拉选项中选择输入控件。

（2）在R脚本编辑器中，可直接做参数引用，记住参数名称，以便后续在R脚本中使用。

（3）选择数据模型中的现有模型和维度信息或选择静态列表，可以自定义输入选项，最后完成参数的选择。

3. 创建R可视化脚本

选择"添加脚本"可以创建R可视化脚本，如图6-17所示。在脚本中，用户可以预先设置对应的脚本代码，也可以参考示例脚本编写自定义R脚本。在脚本编辑中，编辑器能提供一定的提示功能，在输入函数关键词后，可以显示对应完整的函数组。

图6-17　创建R可视化脚本

编写完脚本后，用户可以在环境中查看已经定义的参数，在控制台中查看输出的正确代码，在预览窗口查看最后的界面效果。

完成了所有配置后，用户单击"应用"即可将R对象插入前画布中。

管好系统

以 SAP Analytics Cloud 为代表的云服务产品以 SaaS（Software as a Service，软件即服务）模式提供服务，不需要租户对基础架构进行维护和管理，租户只需在应用级别进行参数设置，大幅降低了系统与产品的运维成本。本章将从系统管理员视角入手，介绍如何管理好 SAP Analytics Cloud，以更好地满足业务需求。

7.1 了解 SAP Analytics Cloud 的许可

SAP Analytics Cloud 作为一款集成了商业智能、预测分析和企业计划的云产品，采用订阅的方式为用户提供服务。用户无须为硬件部署投入资源，同时可以通过灵活的订阅周期节省成本。SAP Analytics Cloud 的许可账户分为以下 3 类。

（1）Business Intelligence 用户。

（2）Planning 标准版。

（3）Planning 专业版。

Business Intelligence 用户是 SAP Analytics Cloud 最常见的账户类型，其可以创建模型和故事，设计分析应用，进行预测分析，满足用户数据分析需求。

Planning 标准版包含了 Business Intelligence 用户的所用功能，并增加了使用计划模型的功能，包括创建计划的公共版本、维护数据锁定、运行分配与分摊步骤和流程等。

而如果需要创建、更新和删除计划模型，则需要 Planning 专业版许可。表 7-1 列出了各版本的详细区别，其完整清单请参考 SAP Help Portal。

表 7-1 计划许可类型功能

功 能	Business Intelligence 用户	Planning 标准版	Planning 专业版
创建、更新和删除计划模型			支持
查看计划模型	支持	支持	支持
创建私有版本	支持	支持	支持
在有值单元格中输入数据	支持（仅私有版本）	支持	支持
在无值单元格中输入数据		支持	支持
计划模型的读取权限	支持	支持	支持
查看私有版本和公用版本	支持	支持	支持
创建私有和公用版本	支持（仅私有版本）	支持	支持
通过表创建维成员		支持	支持
维护数据锁定		支持	支持
日历		支持	支持
运行数据操作		支持	支持
运行多步操作		支持	支持
运行分配与分摊步骤和流程		支持	支持
在输入任务中输入信息		支持	支持
使用计划面板分配值		支持	支持
关于启用计划模型的协作	支持（仅私有版本）	支持	支持
运行价值动因树模拟	支持（仅私有版本）	支持	支持
模拟	支持（仅私有版本）	支持	支持
将模拟发布到 SAC		支持	支持
向表数据单元格中添加留言	支持	支持	支持
建立从 SAC 到 BPC 的连接			支持

7.2 系统与安全管理 ●●●●

常规的系统管理包含用户与角色管理、角色和权限、系统的各种配置项等内容。下面将详细介绍相关的内容。

7.2.1 用户与角色管理 ●●●●

在首次登录 SAP Analytics Cloud 前，用户会收到一封欢迎电子邮件。电子邮件中会显示 SAP Analytics Cloud 的登录地址，这个登录地址对于每个租户来说都是独立的。用户可以单击电子邮件中的激活按钮以激活账户。用户需要输入一些自我介绍信息，然后设置密码。激活账户后，用户可以编辑个人资料，设置诸如头像、首选语言和日期格式之类的内容。

由于 SAP Analytics Cloud 是一款 SaaS 产品，在系统激活后首次收到电子邮件的用户即为该租户（Tenant）的"系统所有者"，拥有该租户下的最大管理权限。

1. 维护用户

作为系统管理员或系统所有者的用户可以在安全/用户页面添加、修改和删除用户，在用户列表中维护用户清单，如图 7-1 所示。

图 7-1　维护系统用户清单

单击"保存"后，用户会收到一封电子邮件，根据邮件中的链接激活账户后，即可访问系统。

用户也可以通过上载 CSV 文件批量导入用户，如图 7-2 所示。

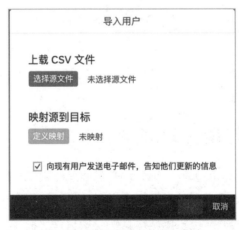

图 7-2　上载 CSV 文件导入用户

2. 角色与权限

在 SAP Analytics Cloud 中，角色是用于控制用户访问权限和可操作性的一种机制。角色可以定义用户执行的任务、使用的数据集、可视化工具及分析场景等方面的权限。

在 SAP Analytics Cloud 中，有两种类型的角色。

（1）系统标准应用程序角色。这些角色是由 SAP 定义的，用于指定用户在 SAP Analytics Cloud 中执行的任务和访问权限。例如，管理员可以使用系统角色来限制用户对数据集和分析场景的访问权限。

（2）自定义角色。这些角色是由 SAP Analytics Cloud 管理员创建的，可以根据特定的业务需求和安全性要求，授权用户在 SAP Analytics Cloud 中执行特定的任务和操作。例如，管理员可以创建自定义角色，让销售人员只能查看销售数据而不能修改它。

用户可以在系统菜单安全/角色菜单中进行角色维护，如图 7-3 所示。我们可以看到，在不同的许可下，均已存在了各自适用的默认角色，用户无法删除或修改这些角色。

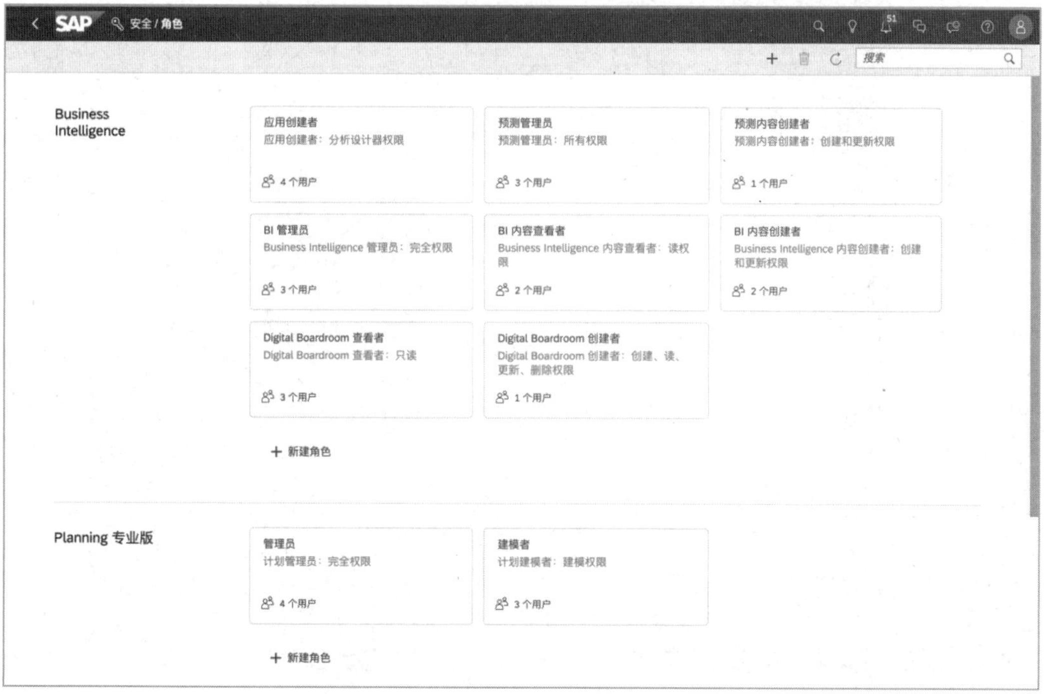

图 7-3　安全/角色菜单界面

如果系统默认角色无法满足用户需求，用户也可以根据需求创建自定义角色，如图 7-4 所示。

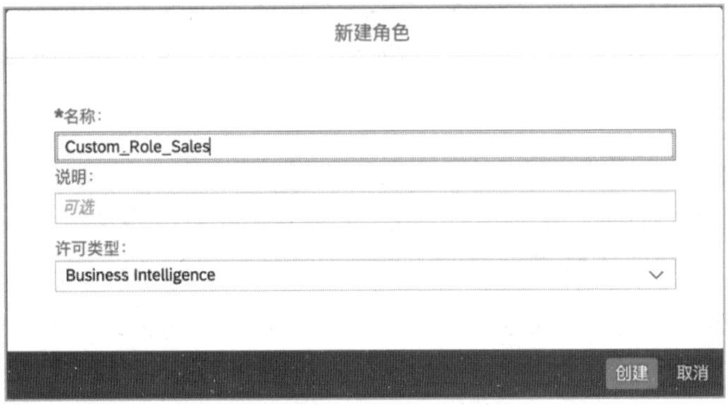

图 7-4　创建自定义角色

用户可以通过角色模板创建自定义角色，选择角色模板界面如图 7-5 所示。

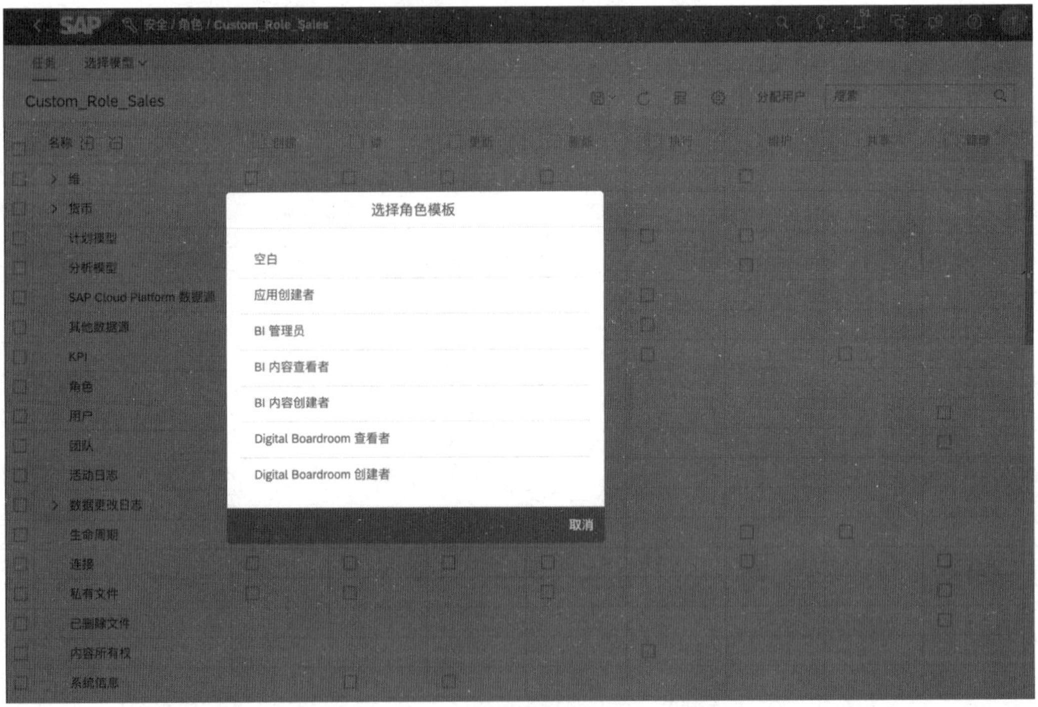

图 7-5　选择角色模板

在 SAP Analytics Cloud 中，用户可以对某一类型的对象进行权限管理。例如，授予某个用户"计划模型"对象的"读取"权限，那么此用户可以查看所有计划模型。

对于某些特定类型的对象，用户可以针对独立的对象设置权限。例如，授予用户"销售办公室"这个"维"对象的"更新"权限，那么用户可以更新"销售办公室"维。这种类型的对象包括：维、货币、计划模型、分析模型、SAP Cloud Platform 数据源、其他数据源、KPI 等。

SAP Analytics Cloud 提供了不同类型的权限操作，如创建、读、更新、删除、执行、维护、共享、管理等。用户可以基于角色针对不同的对象赋予不同的操作权限，如图 7-6 所示。

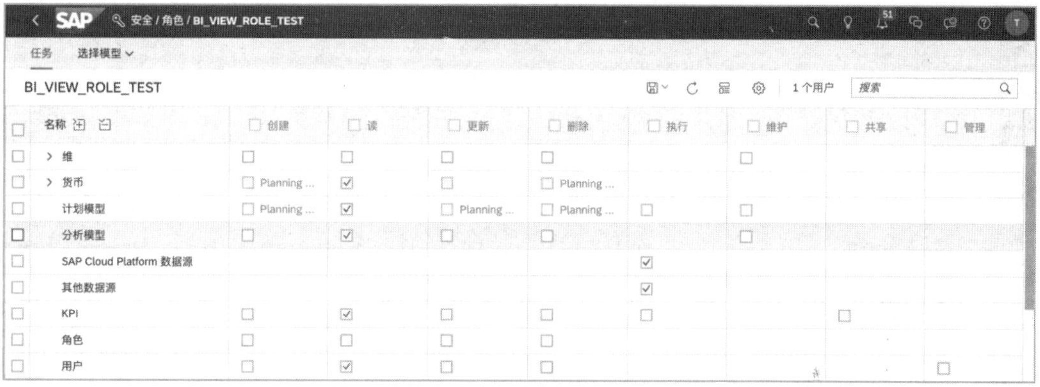

图 7-6 维护角色权限

最后，在用户维护界面将角色分配给用户，用户则会被赋予角色相应的权限。

7.2.2 自定义身份认证 ●●●●

在默认情况下，SAP Analytics Cloud 以 SAP Cloud Identity Services 作为默认的用户认证服务。SAP Analytics Cloud 还支持用户使用身份提供者（Identity Providers，IdP）进行单一登录（Single Sign-On，SSO）。自定义身份认证可以提升用户操作的安全性和方便性，同时也可以提高整个系统的安全性。

SAP Analytics Cloud 支持 SAML 2.0 协议的 IdP。下面以 Windows AD 为例，介绍如何配置自定义身份认证。需要注意的是，以下步骤必须由系统所有者操作。

（1）在系统菜单系统/管理页签，单击修改按钮后，切换"SAP Cloud Identity（默认）"为"SAML 单一登录（SSO）"，如图 7-7 所示。

图 7-7　修改身份验证方法

（2）单击下载服务提供者元数据，保存到本地磁盘。

（3）在 AD FS 服务器上，打开 AD FS 管理工具。在"AD FS"—"Trust Relationships"—"Relying Party Trust"路径下，右键单击"Add Relying Party Trust…"，如图 7-8 所示。

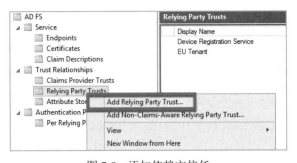

图 7-8　添加依赖方信任

（4）在 Select Data Source 步骤中，选择第一步下载的服务端元数据文件，如图 7-9 所示。

（5）在 Specify Display Name 步骤中，输入一个名称，如图 7-10 所示。

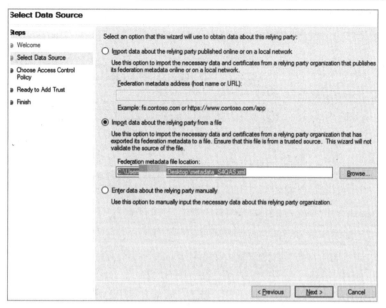

图 7-9　导入服务端元数据文件

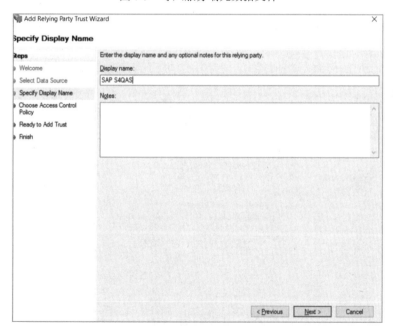

图 7-10　输入依赖方名称

（6）在 Choose Access Control Policy 步骤中，选择"Permit everyone"，如图 7-11
所示。

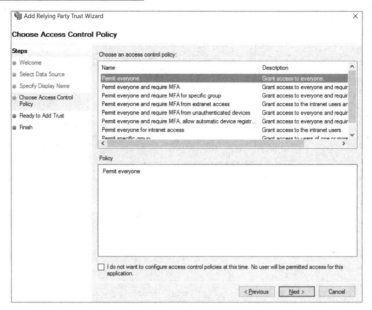

图 7-11　选择访问控制策略

（7）在 Ready to Add Trust 步骤中，使用默认选项，直接单击 Next 按钮，如图 7-12 所示。

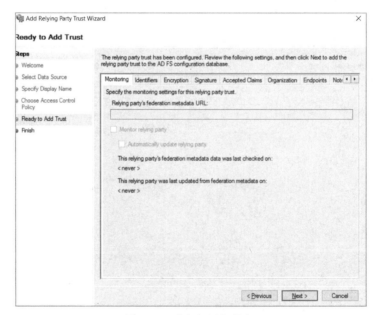

图 7-12　准备好添加信任

（8）勾选"Configure claims issuance policy for this application"，并单击"Close"完成依赖方配置，如图 7-13 所示。

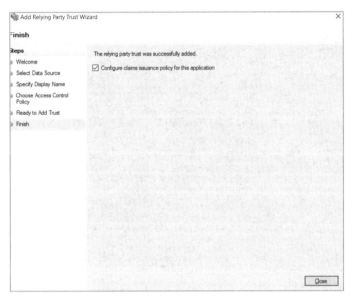

图 7-13　完成配置

（9）接下来配置 SAML 断言规则，单击"Add Rule"按钮，如图 7-14 所示。

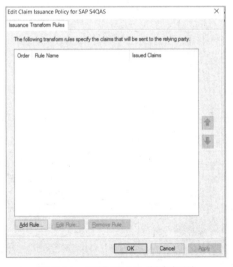

图 7-14　配置 SAML 断言规则

（10）选择断言模板为"Send LDAP Attributes as Claims"，单击"Next"按钮，如

图 7-15 所示。

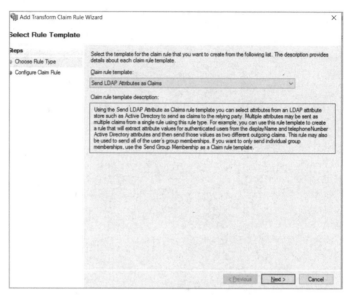

图 7-15　选择规则类型

（11）用户需要将某一个 LDAP 属性作为用户名传输到断言中，这里选择 SAM-Account-Name，传输对象字段为 Name ID，如图 7-16 所示。

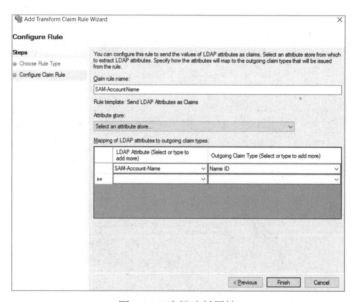

图 7-16　选择映射属性

（12）单击完成后，即完成了在 AD FS 端的配置，如图 7-17 所示。

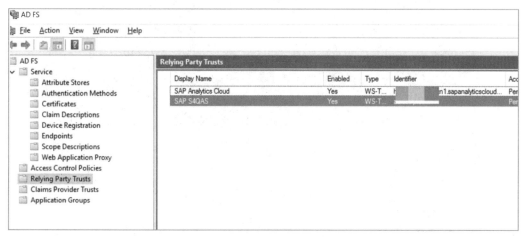

图 7-17　完成 AD FS 配置

（13）从 AD FS 下载 metadata 文件，示例地址如下。

https://YourADServer.YourDomain/FederationMetadata/2007-06/FederationMetadata.xml。

（14）回到 SAP Analytics Cloud，上载在 AD FS 下载的 metadata 文件，如图 7-18 所示。

图 7-18　上载身份提供者元数据到 SAP Analytics Cloud

（15）输入一个测试的 AD 账号，用于验证 SAML 登录过程，在此处复制登录 URL，如图 7-19 所示。

（16）在一个新的浏览器地址栏中粘贴上一步复制的 URL 地址，如果配置正确，则会跳转进入 Windows AD 登录页面，如图 7-20 所示。

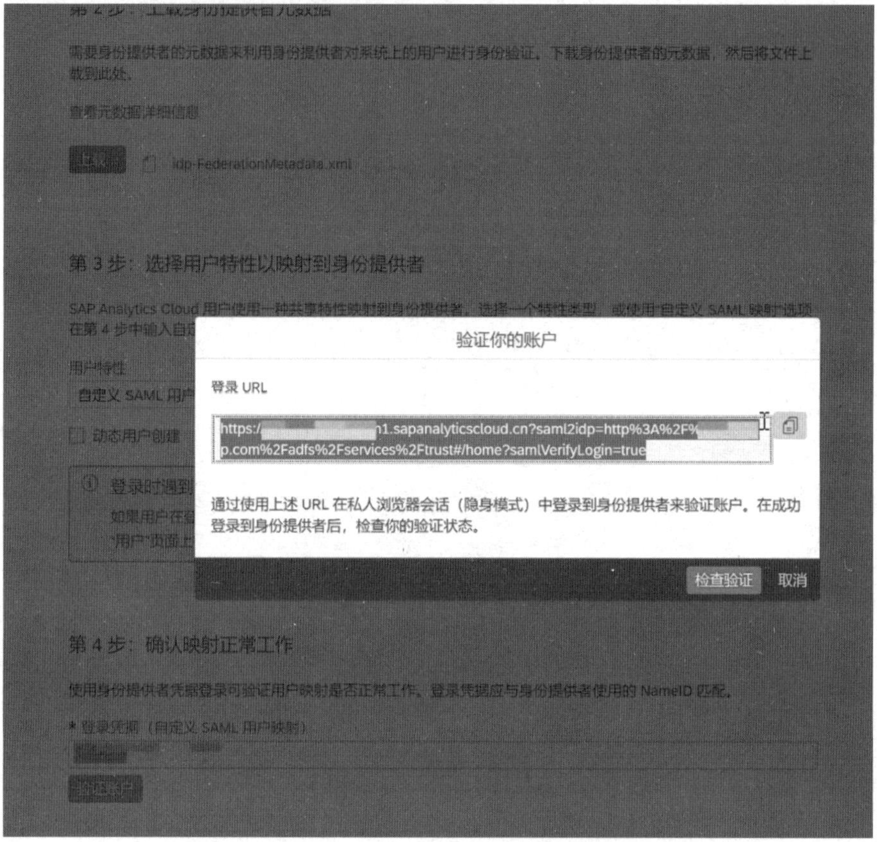

第 2 步：上载身份提供者元数据

需要身份提供者的元数据来利用身份提供者对系统上的用户进行身份验证。下载身份提供者的元数据，然后将文件上载到此处。

查看元数据详细信息

idp-FederationMetadata.xml

第 3 步：选择用户特性以映射到身份提供者

SAP Analytics Cloud 用户使用一种共享特性映射到身份提供者。选择一个特性类型，或使用自定义 SAML 映射选项。在第 4 步中输入自定义

用户特性

自定义 SAML 用户

动态用户创建

登录时遇到

如果用户在
用户页面上

验证你的账户

登录 URL

https://　　　　　　　　　n1.sapanalyticscloud.cn?saml2idp=http%3A%2F%　　　　　　　p.com%2Fadfs%2Fservices%2Ftrust#/home?saml(VerifyLogin=true

通过使用上述 URL 在私人浏览器会话（隐身模式）中登录到身份提供者来验证账户。在成功登录到身份提供者后，检查你的验证状态。

检查验证　取消

第 4 步：确认映射正常工作

使用身份提供者凭据登录可验证用户映射是否正常工作，登录凭据应与身份提供者使用的 NameID 匹配。

* 登录凭据（自定义 SAML 用户映射）

图 7-19　获取 SAML 登录测试地址

图 7-20　验证 Windows AD 登录

（17）输入 Windows AD 账户和密码，单击登录。如果配置正确，则会跳转进入 SAP Analytics Cloud 系统，并显示 SAML 认证状态，如图 7-21 所示。

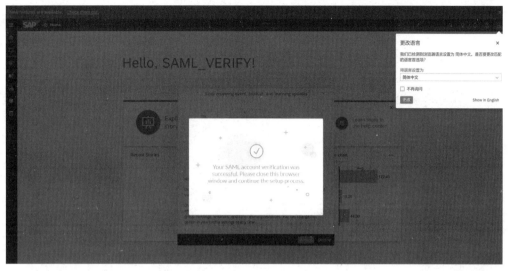

图 7-21　SAML 验证成功

（18）回到 SAP Analytics Cloud 系统菜单配置/安全页面，单击保存，即可完成自定义身份认证的配置。等待几分钟后，系统会自动切换到自定义身份认证，原有默认的登录方式失效。

后续步骤：如果 AD FS 不可用，或系统所有者想切换回默认 SAP Cloud Identity Services，则可以登录"身份提供者管理"工具，管理自定义身份提供者，如图 7-22 所示。

图 7-22　管理 SAP Analytics Cloud 身份验证方式

7.2.3　系统配置管理 ●●●●●

如果用户希望定制 SAP Analytics Cloud 系统的各项参数和优化设置，可以在系统菜单系统/管理中选择系统配置选项卡进行设置。此处包含了关于可视化对象、生命周期管理、发布、监控、建模、身份验证、移动设备和常规管理等各类参数设置的选项。系统配置界面如图 7-23 所示。

图 7-23　系统配置界面

下面将详细介绍部分重要的功能设置选项，并进行功能说明。

1. 可视化对象

可视化对象包含数据分析的统计图，如柱形图、折线图、数值点、地图等。可视化对象设置选项如表 7-2 所示。

表 7-2　可视化对象设置选项

配　置　项	说　　　明	默　认　值
故事数级格式	可用于更改故事中数值的默认数级格式，特别是在统计图和可视化对象中	"千""百万""十亿"
将货币显示为	让用户能够选择如何标识货币	系统默认值
故事货币位置	此设置可用于选择货币标识的位置（符号或 ISO 代码）以及数级格式	系统默认值
将货币位置应用于微件子标题	此设置允许磁贴的子标题包含货币位置首选项	关
允许转换用户内容	此设置允许内容创建者在其故事和其他可翻译内容中使用"标记为翻译"开关，并将内容提交到翻译工作流	关

续表

配 置 项	说 明	默 认 值
统计图没有数据消息 数值点没有数据消息	此设置可用于选择当统计图或数值点不包含数据时显示的错误消息	"没有可用数据来呈现统计图"
用于故事和 Digital Boardroom 的浏览器缓存	此设置用于设置存储浏览器缓存的天数	8
从故事筛选器栏简化变量更改	在更新故事筛选器的变量时，通过此设置可以减少用户转到值帮助菜单所需的单击次数	关
实时数据模型：启用时间序列中的智能分组和预测	此设置让用户可以通过远程系统运行模型进行预测	关
启用渐进统计图呈现	此设置让用户能够在重新加载时显示已缓存版的统计图	关
对本地数据集禁用混合数据 对远程数据集禁用混合数据	此设置禁用所有本地数据集的混合数据。具有混合数据的微件将无法查看	禁用

2．协作

通过在故事中的特定页面选项卡或微件上添加和查看留言，用户可以与其他用户协作。协作对象设置选项如表 7-3 所示。

表 7-3　协作对象设置选项

配 置 项	说 明	默 认 值
允许删除讨论	此设置使用户能够删除"协作"面板中的讨论留言串	开
以嵌入模式写留言	用于打开以嵌入模式写留言的功能	禁用
每个模型的留言串数限制	此设置可以设置能添加到模型的数据点留言的最大数量	3 000
对包含维成员限制的模型启用留言功能	可以为维成员限制的模型启用留言，并设置最大留言数量	50 000

3．建模

模型作为故事的基础，包含了组织和业务数据。建模对象设置选项如表 7-4 所示。

表 7-4　建模对象设置选项

配 置 项	说 明	默 认 值
上载个人数据时请求许可	通过此设置，可以防止用户在未经管理员许可的情况下上载数据	关
允许从文件服务器导入模型	此设置允许将数据从位于文件服务器上的文件导入模型中	关
允许将模型导出到文件服务器	此设置允许将模型中的数据导出到文件服务器	关
对获取模型建立索引	可以对导入类型的模型建立索引	关

4．连接 SAP BW

SAP Analytics Cloud 可以和 SAP BW 进行深度集成。BW 连接对象设置选项如表 7-5 所示。

表 7-5　BW 连接对象设置选项

配 置 项	说 明	默 认 值
启用非复合显示键	此设置可用于显示复合维的部分复合键 禁用该开关可始终显示复合维的完全复合键 注意：只有优化查看模式支持此功能	关
BW 数据源的并行会话数	此设置可用于设置用于执行 SAP BW 查询的额外并行 HTTP 会话的数量。在默认情况下，所有 SAP BW 查询在单个会话中将按顺序执行。在并行会话中执行查询可以提高性能。最多可以设置 12 个并行会话	0
BW 最大钻取级别	此设置用于设置最大钻取级别数（2～50 个级别）	5
采用在 BW 查询级别定义的文本表示法	此设置允许用户对统计图、输入控件和资源管理器使用 BW 查询级别布局。BW 查询级别分别在 SAP BW 实时连接和基于 BW 的数据源中定义 注意：BW 查询显示设置还会影响"显示为"设置。如果将查询的文本输出格式设置为"长"，则统计图中的说明文本将为长文本 在 SAP Analytics Cloud 中，将按照以下方式来处理 BW 查询的"Key"和"Text"： "Key"="ID" "Key" and "Text"="ID"+"说明" "Text"="说明" "Key" and "Text"="ID"+"说明"	关

5．移动设备

用户可以通过安卓或 iOS 移动设备访问 SAP Analytics Cloud 中的内容。移动设备对象设置选项如表 7-6 所示。

表 7-6　移动设备对象设置选项

配 置 项	说 明	默 认 值
禁用移动 App 密码	此设置可以在每次 App 切换到前台并激活时阻止系统提示用户在设备上重新输入其应用程序密码。请注意，首次设置时仍需要应用程序密码	关
在移动设备上设置默认选项卡	此设置可用于设置用户在访问此系统时在 SAP Analytics Cloud 移动 App 上首先看到的默认选项卡。选择"故事"或"Boardroom"	关
禁用移动 App 缓存	移动 App 在默认情况下使用缓存的数据以提高离线性能。如果用户仅需要实时访问数据，应关闭此选项。另外，关闭此选项后，在移动设备上自动刷新数据的功能也就不可用了。此设置仅适用于 iOS 系统的设备	关
在移动设备上自动刷新数据	此设置用于为移动设备开启自动数据刷新	关
移动模式下的默认故事/演示筛选器	此设置可用于设置要在移动 App 中显示的故事和演示的默认筛选器	全部

7.2.4　系统监控 ●●●●●

SAP Analytics Cloud 可以帮助用户监测和管理其 SAP Analytics Cloud 系统的运行状态和性能。一方面，可以帮助用户监测系统健康状况。SAP Analytics Cloud 的系统监控可以帮助用户监测系统的可用性、稳定性和性能状况，以确保系统始终处于最佳状态，以便用户能够在需要时获得最佳体验。另一方面，可以帮助用户识别和解决问题。

例如，当系统遇到故障或性能问题时，监控工具可以帮助用户快速定位问题所在，并提供有关如何解决问题的建议。另外，监控工具还可以帮助系统管理员改善系统性能：系统监控可以提供关于系统资源使用情况的信息，例如，CPU 和内存使用情况。

用户可以利用这些信息来优化系统配置，以提高系统性能和响应速度。

1．监测系统用户状态

在系统菜单"系统/监控器"中，可以看到此租户中许可的用户数量和已使用的用户数量，如图 7-24 所示。

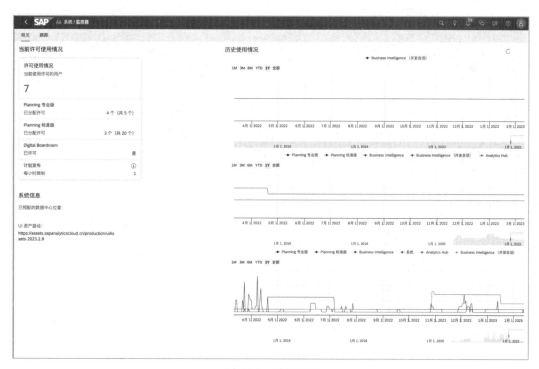

图 7-24　系统监控

"当前许可使用情况"统计图显示当前为租户中的每个许可类型分配的许可数量。其中，Digital Boardroom 是一个功能选项，与许可数量无关。在右侧的统计图中，根据时间维度显示了历史使用情况。

2. 分析系统性能

SAP Analytics Cloud 提供了一套性能监控的基准工具和分析工具，帮助用户快速定位问题，提升系统性能。

在系统菜单"系统"—"性能"—"基准工具"中，用户可以对客户端的浏览器和网络执行性能检测，如图 7-25 所示。

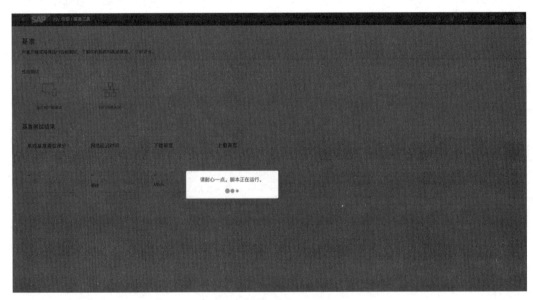

图 7-25　执行性能检测

其中，系统基准测试得分显示了客户端的硬件性能，其会影响浏览器渲染页面的速度。系统基于多个基准对浏览器和硬件的性能进行评分，当得分大于或等于 75 分时，浏览器和硬件的性能最佳，如图 7-26 所示。

SAP Analytics Cloud 是基于云的产品，网络性能至关重要，用户运行网络测试即可了解客户端所在网络的性能，见图 7-27。

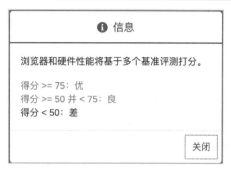

图 7-26　性能检测结果

图 7-27　执行网络检测情况

性能分析工具可以为用户提供在网络、微件数量、页面加载等领域的耗时分析。用户可以根据分析结果，参考相应的优化建议，获得最佳性能。

7.3　团队协作 ●●●●●

SAP Analytics Cloud 中的共享与协作是一项非常重要的功能，它可以让不同用户之间共享数据和分析报告，并在同一个平台上进行协作和交流，提高工作效率和决策制定能力，同时保证数据的安全性和保密性。

7.3.1 共享与协作 ●●●●

SAP Analytics Cloud 的共享与协作功能可以让不同用户之间共享同一份分析报告和数据集，从而避免重复劳动和数据不一致的问题，提高工作效率。另外，共享与协作功能可以让不同用户共享自己的洞见和分析结果，从而更好地理解业务和数据趋势。这可以帮助决策者更好地制定决策，提高企业的效益和竞争力。共享主要有以下两种方式。

1. 共享内容给其他团队或用户

用户可以将自己的想法通过故事分享给组织中的其他用户，对他们有所帮助，或者向组织中的决策者展示自己的预测，将内容发布到"目录"。其他用户可以在主屏幕的共享文件页签中查看，如图 7-28 所示。

图 7-28　主屏幕中的协作内容

2. 组建一个团队，在团队中进行协作

对于大型组织而言，团队的协作非常具有挑战性，无论是内容的分发还是数据安全的管控，都尤为关键，而工作区（Workspace）是一个很好的解决方案。

工作区是 SAP Analytics Cloud 的一个虚拟空间，由系统管理员控制，用于模拟组织的部门或任何组织设置。工作区可用于组织不同内容，以便不同的用户访问，用户可在工作区的限制范围内进行共享和协作。

在系统菜单"工作区管理"菜单中，用户可以维护工作区，如图 7-29 所示。

图 7-29　工作区管理

用户在保存故事或其他业务内容时，可以选择保存到相应的工作区，如图 7-30 所示。

图 7-30　保存至相应的工作区

保存后，工作区所分配的团队成员均可以在该工作区中查看所分享的内容，如图 7-31 所示。

图 7-31 通过工作区分享内容

7.3.2 权限管控 ●●●●

如果用户需要在 SAP Analytics Cloud 中对分析对象进行权限控制，保证数据的安全性和保密性，则需要运用共享功能。这和其他数据分析平台的设计理念稍有不同。

用户可以将对象（包括文件夹、故事、模型等）通过共享按钮分享给团队中的其他用户，用户可以在"添加用户或团队"选项中，选择要与其共享文件的用户或团队。"访问权限"选项中有 3 种预定义权限：查看、编辑和完全控制。例如，用户想要使其他用户查看文件但不能进行编辑，则授予其"查看"的访问权限，如图 7-32 所示。

如果标准权限级别无法满足用户需求，用户则可以自定义权限级别。在设置自定义访问页面时，用户可以在查看、编辑、完全控制权限下，设置更为详细的权限，如图 7-33 所示。

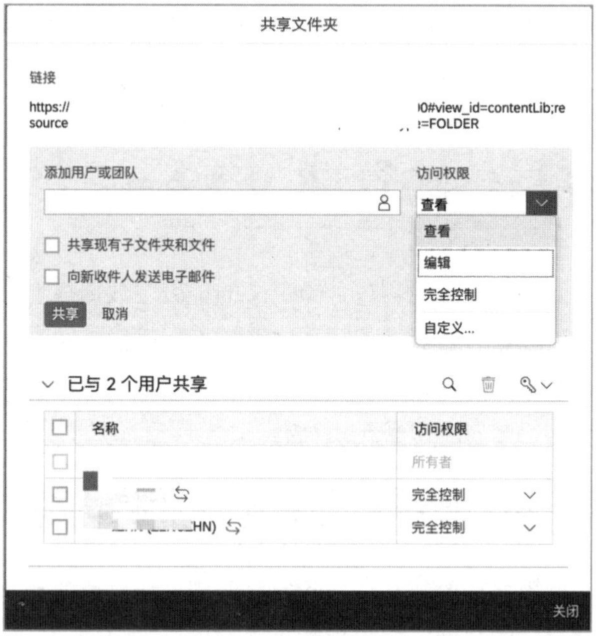

图 7-32　共享文件夹选项

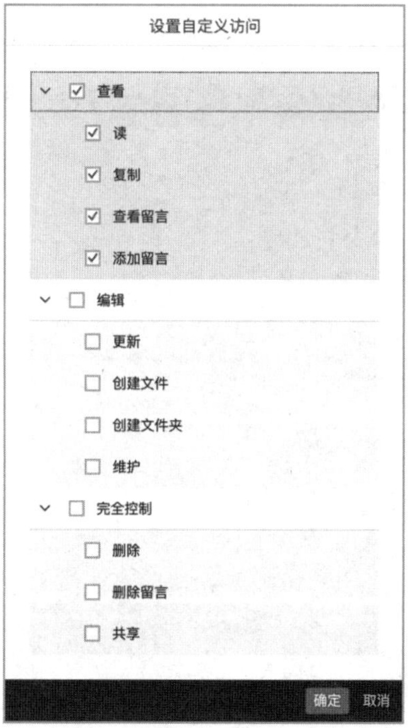

图 7-33　设置自定义访问权限

管理员可以根据需要进一步控制用户的访问权限和数据权限，从而更好地管理和控制企业数据的使用。

7.4 内容与传输管理 ●●●●

SAP Analytics Cloud 的业务内容包含预定义的报表、数据模型、仪表板和指标，旨在帮助用户更快地使用 SAP Analytics Cloud 进行分析。这和 SAP BW 中的 BI-Content 具有一样的设计理念。业务内容涵盖了各种行业和业务领域，包括财务、采购、销售、供应链、人力资源等。

7.4.1 SAP Analytics Cloud 的业务内容 ●●●●

业务内容可以帮助用户快速建立自己的分析应用，而不需要从头开始创建数据模型和报表。通过使用预定义的数据模型和指标，用户可以更快地获取洞见，并快速响应业务需求。此外，预定义的仪表板和报表也可以为用户提供更多灵感和洞见，帮助他们更好地理解业务状况。SAP Analytics Cloud 内容网络界面如图 7-34 所示。

图 7-34　SAP Analytics Cloud 内容网络

用户可以导入 SAP 提供的业务内容，也可以选择第三方业务内容。以 SAP 提供的业务内容为例，选择某个业务域后，用户即可单击"导入"按钮进行导入，如图 7-35 所示。

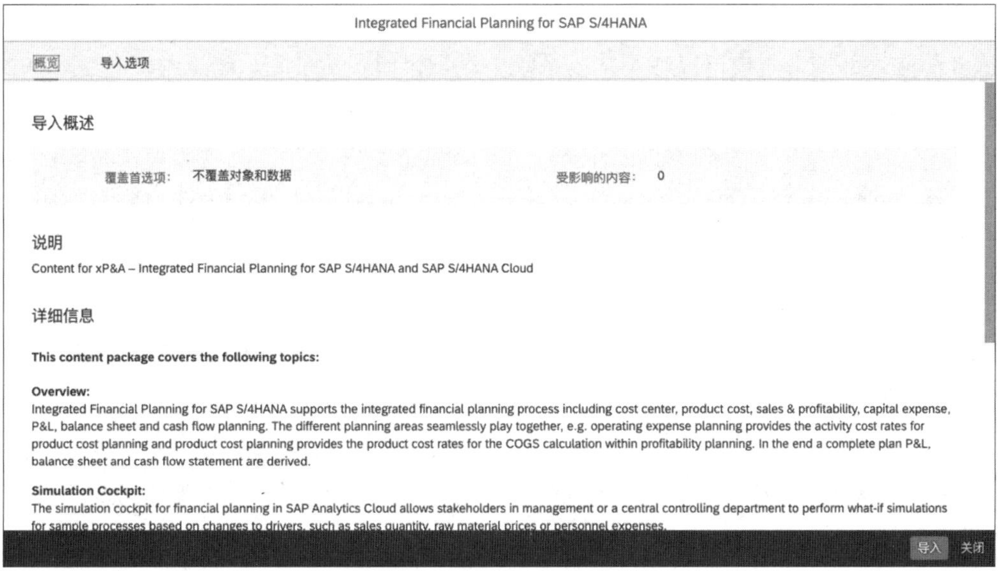

图 7-35　选择导入 SAP 业务内容

用户可以在导入选项中选择覆盖首选项及导入的文件夹位置等内容，如图 7-36 所示。

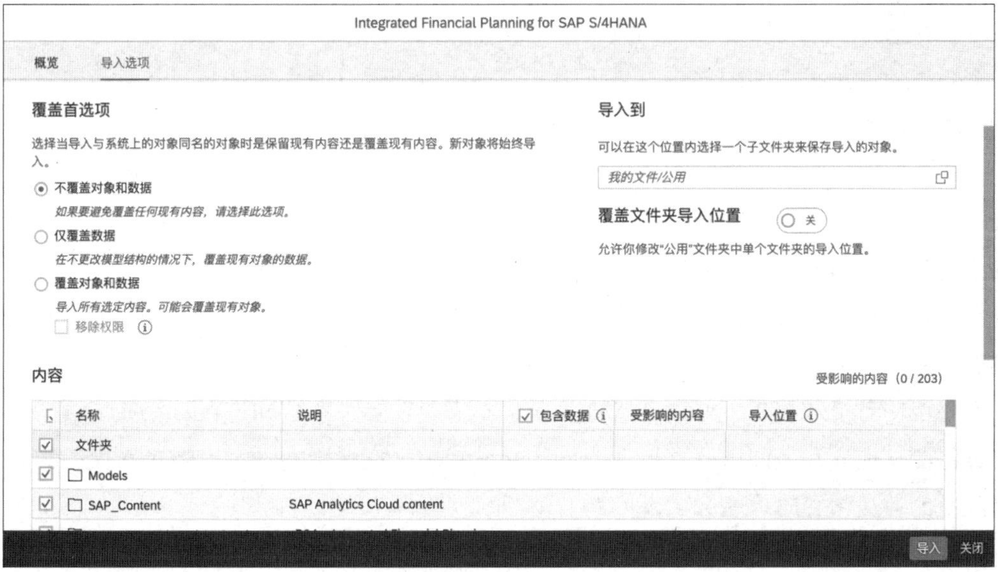

图 7-36　业务内容导入选项

7.4.2 传输管理 ●●●●

SAP 系统通常需要在不同的环境中进行开发、测试和生产。因此对 SAP Analytics Cloud 的常规部署，用户可以在不同的系统中进行，如开发系统、测试系统和生产系统。这种做法有以下几点好处。

（1）系统稳定性。在生产环境中使用新代码或新功能之前，用户需要进行测试和验证。使用测试系统可以确保代码质量和系统稳定性，从而避免因错误或漏洞导致生产系统崩溃或发生故障。

（2）数据隔离。开发系统和测试系统通常使用虚拟数据，不会对生产数据造成任何影响。因此，数据在不同环境中隔离，使得开发和测试过程不会对生产数据造成任何影响。

（3）风险管理。分离不同环境可以有效地降低风险。在开发阶段，开发人员可以在开发系统中进行试验和测试，不必担心对生产系统造成不良影响。在测试阶段，测试人员可以在测试系统中进行测试，确保系统在生产环境中可以正常运行。在生产阶段，部署正式版本的系统。

在系统中进行任何类型的更改，如修改、新增、删除等，都必须经过特定的控制和管理过程，这被称为传输管理。传输管理过程包括将开发对象从一个环境传输到另一个环境，一般是从开发环境传输到测试环境，然后再传输到生产环境。在这个过程中，用户需要确保应用程序和配置更改是正确的，不会破坏现有的系统功能，并且需要在不同的环境之间进行协调和管理。

传输管理还可以帮助组织更好地管理团队协作和版本控制，以及确保测试和验证过程正确，从而最大限度地减少生产环境中出现的错误和故障。传输管理的主要目标是确保系统更改的高质量和可靠性，以及保护组织的数据和业务流程。

SAP Analytics Cloud 是一个基于云的分析型系统，在规划 SAP Analytics Cloud 的架构时，用户可以选择设置多少个系统或租户。如果企业需要进行小规模的部署，那么可以选择单一环境或租户，好处是管理简单，不需要在多个系统间进行对象的传输。用户可以将测试内容和生产内容存储在不同的文件夹中来进行版本管理，但更新模型和导入新版本的业务内容时可能会出现问题。

如果企业希望拥有更好的版本管理机制，那么可以采用多租户的形式规划 SAP Analytics Cloud 架构。例如，一个租户用于开发和测试，另一个租户用于生产。这样的好处是，测试与生产完全隔离，保证了数据安全性。

下面将介绍 SAP Analytics Cloud 进行对象传输的两种方式。

1. 通过文件系统进行传输

这种方法是通过"传输"导出 SAC 对象为 .tgz 文件，并在另一个系统中进行导入。可以导出的内容包括下面 13 项。

（1）分析应用。

（2）维。

（3）货币表。

（4）角色。

（5）外部连接，包括导入数据连接、实时数据连接和智能数据集成（SDI）连接。

（6）分配步骤和过程。

（7）数据整理器。

（8）旧版价值动因树。

（9）数据锁定。

（10）验证规则。

（11）数据操作。

（12）多步操作。

（13）公用文件，包括文件夹、故事、模型和 Digital Boardroom 演示。

需要注意的是，导出和导入的系统必须版本相同，否则无法进行导入。而且通过文件系统进行传输的方法在后续 SAP Analytics Cloud 软件升级计划中会逐步取消，因此建议用户采用内容网络的方式进行传输。具体步骤如下。

（1）通过"传输"菜单—"导出"进入导出界面，如图 7-37 所示。

（2）选择需要导出的对象，如图 7-38 所示。

（3）输入导出包的名称，如图 7-39 所示。

（4）进入目标系统，在系统菜单传输/导入的"文件系统"页签，单击上传 ↑ 按钮，选择本地的传输包文件，如图 7-40 所示。

图 7-37　导出界面

图 7-38　选择导出对象

图 7-39 导出包名称

	名称	状态	开始时间:	完成时间:
☐	G	① 错误	2023.02.03 15:23:36	2023.02.03 15:23:36
☐	G	① 错误	2023.02.03 15:06:12	2023.02.03 15:06:13
☐	SA	⚠ 警告	2022.09.29 15:13:38	2022.09.29 15:13:59
☐	SA	① 错误	2022.08.05 17:26:43	2022.08.05 17:26:46
☐	PR	✓ 成功	2022.01.05 14:52:26	2022.01.05 14:52:26
☐	SA	✓ 成功	2022.01.05 14:52:23	2022.01.05 14:52:26
☐	SA	✓ 成功	2022.01.05 14:51:53	2022.01.05 14:52:23

图 7-40 选择本地传输包上传

（5）单击"导入"后，即可进入导入作业，完成后即可显示完成状态，导入完成状态如图 7-41 所示。

	名称	类型	数据	状态
✓	系统_开发测试_DEMO	文件夹		⚠ 警告
✓	系统_开发测试_DEMO \	文件夹		✓ 成功
✓	系统基础	文件夹		✓ 成功
✓	报表类型	维	✓	✓ 成功
✓	报表名字	维	✓	✓ 成功
✓	报表ID	维	✓	✓ 成功
✓	分析场景	维	✓	✓ 成功
✓	排序	维	✓	✓ 成功
✓	Account	维	✓	✓ 成功
✓	Category	维	✓	✓ 成功

图 7-41 导入完成状态

2. 通过内容网络进行传输

用户可以通过内容网络直接在两个系统间进行传输，具体步骤如下。

（1）通过系统菜单"传输"—"导出"，在"内容网络存储"页签选择"我的内容"文件夹，如图7-42所示。

图7-42 导出到内容网络

（2）选择需要传输的对象，如图7-43所示。

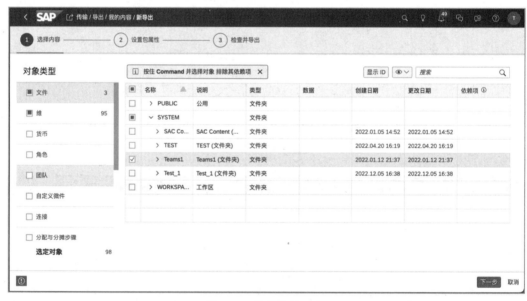

图7-43 选择传输对象

（3）输入导出包的属性，包括名称、说明、详细信息等，并在下一步添加共享目标，如图7-44所示。

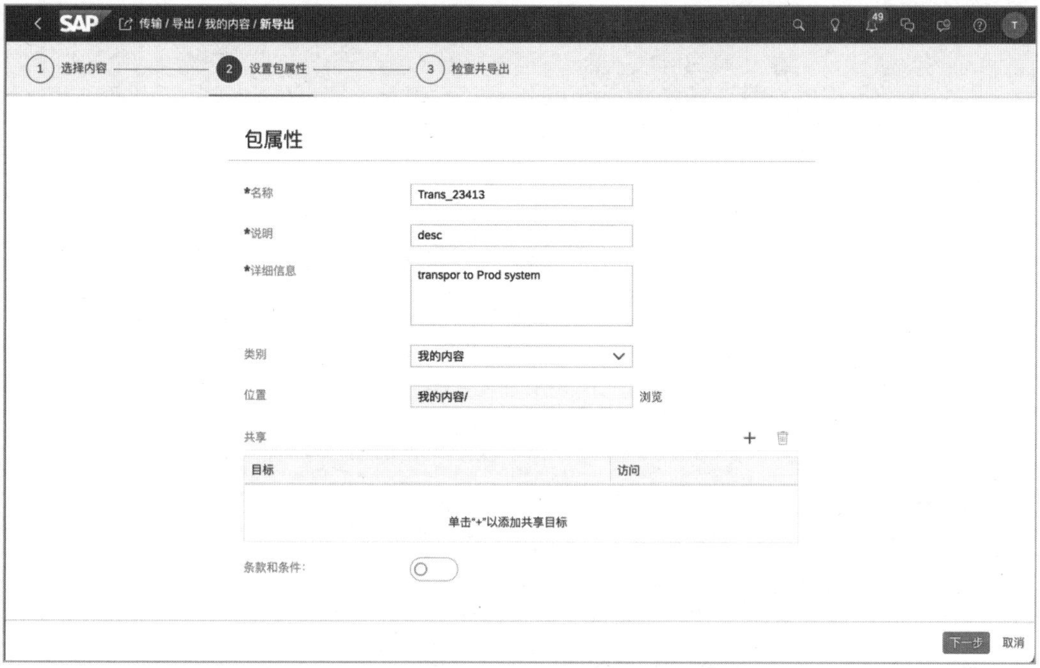

图 7-44　设置包属性

（4）输入目标系统的 URL，并单击添加，如图 7-45 所示。

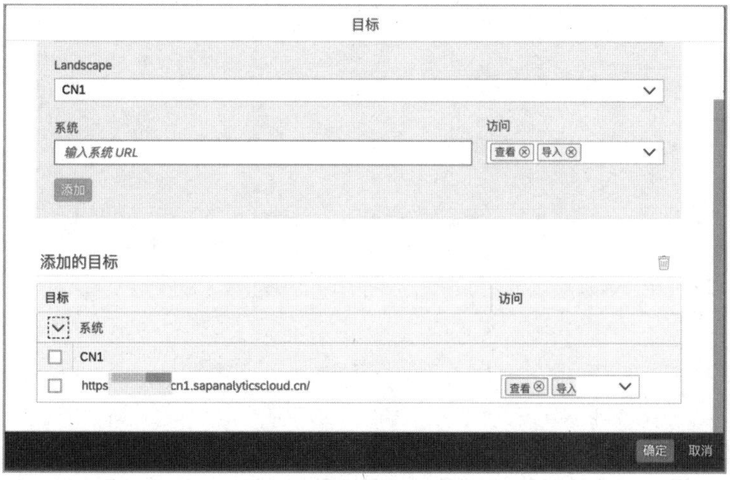

图 7-45　添加目标系统 URL

（5）单击"确定"后，即可进入下一步检查步骤，如图 7-46 所示。

（6）在一切就绪后，单击"导出"即可导出传输包，如图 7-47 所示。

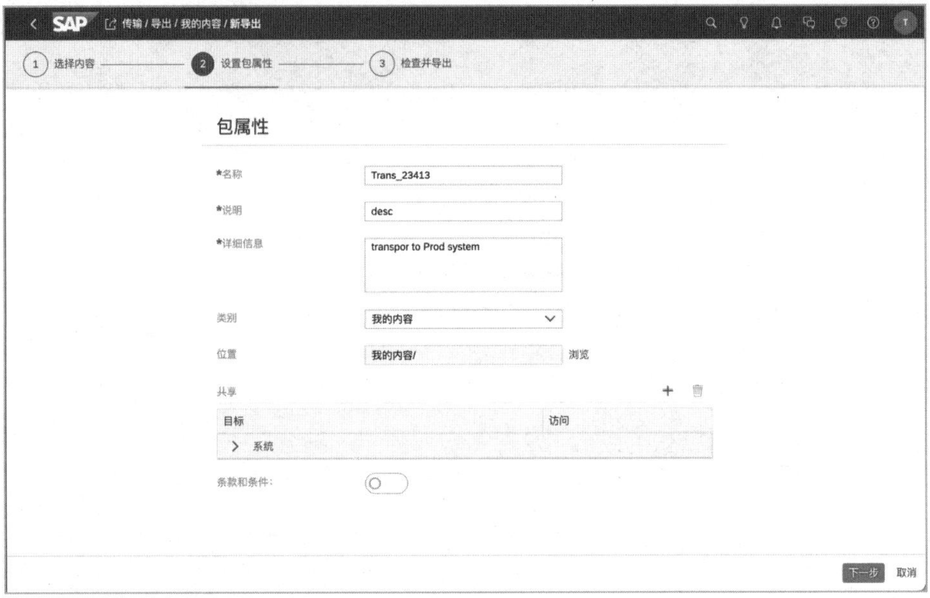

图 7-46　完成包属性设置

图 7-47　检查并导出包

（7）系统会提示导出作业已开始，并且在消息栏会显示作业状态，如图 7-48 所示。

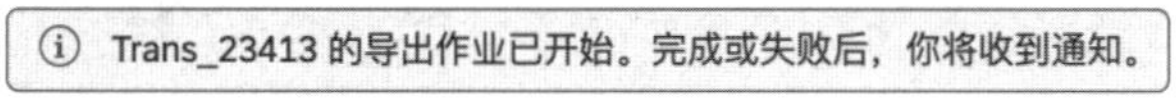

ⓘ Trans_23413 的导出作业已开始。完成或失败后，你将收到通知。

图 7-48　导出作业状态

（8）导出完成后，在目标系统的系统菜单传输/导入的"内容网络存储"页签，即可看到从来源系统导出的包，如图 7-49 所示。

图 7-49　导出完成状态

（9）单击包名称，即可进行导入操作。导入操作准备如图 7-50 所示。

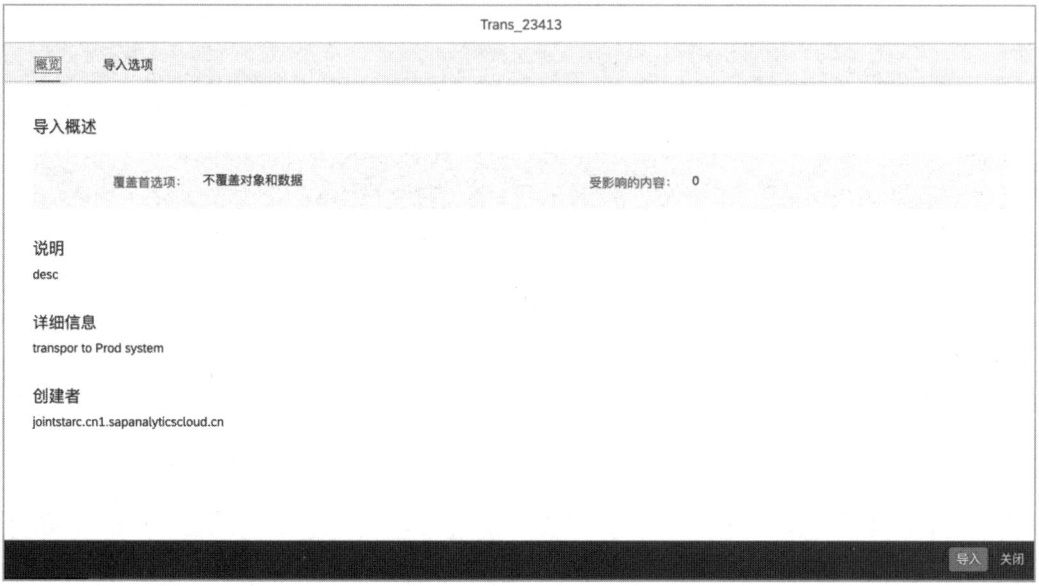

Trans_23413

概览　　导入选项

导入概述

| 覆盖首选项: | 不覆盖对象和数据 | 受影响的内容: | 0 |

说明
desc

详细信息
transpor to Prod system

创建者
jointstarc.cn1.sapanalyticscloud.cn

导入　关闭

图 7-50　导入操作准备

（10）等待作业完成，页面会显示成功状态，如图 7-51 所示。

图 7-51　导入完成状态

数据应用最佳实践

第8章

随着云技术的发展与普及，越来越多的企业开始接受并使用云平台，企业日常管理过程中使用的报表也在向云端发展。基于 BTP（SAP Business Technology Platform，SAP 商业技术平台）构建的云分析平台——SAP Analytics Cloud，能够帮助企业完成从战略规划到运营监控的数据应用闭环，帮助企业管理者做出最佳业务决策。

SAP Analytics Cloud 适用于企业经营管理过程中各个数据应用场景，提供数据分析、数据可视化、资源计划和经营模拟预测等功能。下面以一个案例展现 SAP Analytics Cloud 的核心理念及 SAP Analytics Cloud 在各个具体业务场景中的实践。

8.1　小草电器成长中的困境 ●●●●

小草电器（一家虚拟化企业）是一家专注于高品质小家电生产和销售的公司，核心产品包括电水壶、吸尘器、电饭煲、微波炉等。公司通过创新设计和精密工艺，为消费者提供了一系列智能、环保的小家电产品，主要服务于中高端市场，产品在设计、功能、质量上都力求超越同行业竞争对手，在国内外都享有良好声誉，尤其受到年轻家庭和都市单身族群的欢迎。

小草电器的产品线丰富多样，涵盖了厨房、清洁、生活等多个领域，公司不仅提供常规的家用电器，还致力于研发智能化、可连接的家居设备。公司通过线上和线下两个销售渠道推广产品。线下主要通过大型连锁电器商店、专卖店等销售；线上则在各大电商平台设立旗舰店，以便顾客方便快捷地选购产品。小草电器作为一家兼具创新、质量和社会责任的小家电制造商，以提供高品质产品和优质服务赢得了消费者的信任和赞誉。

小草电器在 2021 年前实施 SAP S/4HANA 系统，并在上线后进行了全面推广应用，结合自身实际情况，信息化部门组织和开展了自研 SRM（Supplier Relationship Management，供应商关系管理）、CRM（Customer Relationship Management，客户关系管理）、OA（Office Automation ，办公自动化）等系统的工作，实现了所有核心业务流程均有系统支撑，所有核心业务单据都在相应的系统进行录入和管理。随着业务的快速发展，其业务数据不断增加。

小草电器虽然在小家电行业快速成长，拥有一定的市场份额和良好声誉，但其在经营过程中也遇到了一系列挑战和困境。

其一，小草电器预算制定不科学，过程管理不到位。

全面预算是企业经营管理的起点，但小草电器在编制预算过程中缺乏对市场、消费者需求、竞争对手等方面的深入分析，管理者基于过去的业绩和直觉而非实际的市场情况编制预算。例如，在 2022 年的销售预算编制过程中，市场部门过于乐观地估计部分产品的市场需求，并据此制定了相应的采购、生产、人力和财务预算。然而，他们没有充分分析市场需求和自身资源配合情况，结果在实际预算执行过程中，由于制定的销售预算过于激进，导致出现大量库存积压、资金链紧张等一系列问题。

小草电器的预算编制过程缺乏精确的市场分析和数据支撑，可能过于保守或过于乐观。预算过于保守，限制了公司的成长空间；过于乐观，导致资源浪费和目标不可达成。预算制定后未能及时根据市场变化做出调整，导致公司对外部环境变化反应迟缓。这种不科学的全面预算导致了资源配置的失衡，在某些领域投入过多，而在关键领域投入不足，未能发挥出全面预算管理的正向牵引作用，进而影响公司整体战略规划目标的达成。

其二，小草电器缺少经营管理过程监控，以及科学、系统的经营结果复盘和偏差归因分析。

小草电器在经营管理过程中缺乏有效的监控和复盘机制，没有定期和系统地分析利润、销售、成本、库存、应收等关键数据，难以及时发现问题和调整策略。这种管理缺陷导致问题积累，直到出现严重的危机才被注意到。在一个关键的销售季节，小草电器的一款畅销电磁炉突然出现销量下滑的情况，但整体的销售业绩目标达成了。由于缺乏有效的监控机制，这一问题未能被及时发现。当顾客投诉增加到一定程度后，公司才引起重视并开始调查，耗费了几周的时间才找到原因并制定解决策略。此时，产品的声誉已受损，销量大幅下滑，导致公司遭受经济损失和品牌信誉下滑的双重打击。

监控机制不完善使得小草电器的管理层难以实时、全面地对业务进行监控，难以及时通过数据掌握业务动态变化。没有定期的业务复盘和根因分析，导致公司经营管理问题难以被及时发现并解决。

以上缺失直接导致信息获取不及时、决策过程缓慢，公司难以迅速应对市场的变化。基于不完整或过时信息做决策，进一步降低了公司的竞争力和市场敏锐度。

其三，小草电器部分产品的盈利能力不足。

虽然小草电器的产品在市场上有一定的认可度，但是部分产品的盈利能力令人担忧，具体表现为：成本控制不当、销售价格无法覆盖成本、产品线过于分散、某些产品的市场定位不明确、与竞争对手相比缺乏竞争优势等。

例如，小草电器2023年年初推出了一款功能先进的智能电饭煲，面向高端市场。然而，在产品设计阶段，设计人员未充分考虑成本控制问题，导致产品的生产成本远高于同类竞品。在销售阶段，由于不想牺牲品牌的高端形象，公司决定维持较高的销售价格。结果是，虽然产品在功能上领先，却由于价格过高而销量惨淡，盈利能力严重不足，甚至导致了亏损。

小草电器的智能电饭煲生产成本过高，而定价又受到市场竞争的限制，导致利润空间压缩，销售渠道和推广策略也不符合产品特性和目标市场。这样一个新的"拳头产品"的业绩不佳会直接影响公司的利润和成长潜力，可能导致投资者和股东的信心下降。

小草电器的董事会希望通过使用一系列数智化应用解决公司当前面临的挑战，以提升公司全面预算的合理性，支撑公司日常经营管理和决策，解决产品盈利能力不足的问题，使公司能适应市场的快速变化，逐步走出困境。

8.2　通过数智化应用提升企业全面预算管理合理性 ●●●●

小草电器多年前引入全面预算管理（Total Budget Management），但截至目前推行效果欠佳。

全面预算管理是企业内部一个重要的财务管理工具。通过全面预算管理，企业可以规划、协调、控制和评估各项业务活动。

面对预算制定不合理的问题，小草电器需要基于历史经营数据和市场需求进行分析，提升预算和资源分配的合理性，确保全面预算管理真正发挥牵引作用。

通过多方调研和工具选型，小草电器最终确定 SAP Analytics Cloud 的预算和预测功能可以很好地支撑全面预算编制工作，并随即开展了预算项目的实施。结合全面预算管理理论，小草电器确定了其预算制定的环节，即测算预算、审议指导、分解预算、汇总平衡、发布执行等，并制定预算编制流程，如图 8-1 所示。

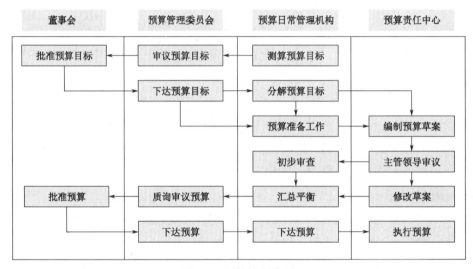

图 8-1　预算编制流程

小草电器的 CEO 与高管团队首先确定了公司未来 3 年的战略目标：成为国内小家电市场的前三大品牌，实现年均 10% 的收入增长，并通过优化产品线和成本控制，使毛利率提高 3%。董事会的战略目标制定完成后，小草电器的预算编制工作从业务预算和财务预算两个方面展开。

8.2.1　从企业战略分解到业务和财务预算 ●●●●

小草电器的市场部首先要思考的问题是：战略规划的目标是实现 10% 的收入增长，这该如何做到？简单、直接的做法是让每个区域都在上一年销售额的基础上提升 10%，然而这种方式过于"粗暴"。一些新开发的区域处于新生期，在各种促销策略和费用的支持下，10% 的增长目标也许过于保守了。而成熟的区域，市场和客户群体都趋于稳定，对于它们来说，10%的收入增长是一个相当有挑战性的目标。

因此，市场部需要针对各个区域的实际情况给它们制定不同的目标。市场部通过 SAP Analytics Cloud 对小草电器的历史订单数据进行了分析，如图 8-2 所示。

智扬信达　历史订单明细　　　　　　　　　　　　　　　　　　　　　　　返回年预算页面

订单号	价格类型	客户类型	设备类型	项目编号	物料号	客户	区域	Account 毛利	数量	收入	成本
1000001	A	A	A	XM0001	A000001	客户1	区域A	560.00	7.00	700.00	140.00
1000002	A	B	A	XM0002	A000001	客户2	区域A	200.00	5.00	250.00	50.00
1000003	A	C	A	XM0003	A000001	客户3	区域A	900.00	9.00	1,350.00	450.00
1000004	B	A	A	XM0004	A000001	客户4	区域A	550.00	5.00	1,000.00	450.00
1000005	B	B	A	XM0005	A000001	客户5	区域A	720.00	6.00	1,200.00	480.00
1000006	B	C	A	XM0006	A000001	客户6	区域A	180.00	6.00	300.00	120.00
1000007	C	A	A	XM0007	A000001	客户7	区域A	350.00	5.00	500.00	150.00
1000008	C	B	A	XM0008	A000001	客户8	区域A	640.00	6.00	1,200.00	560.00
1000009	C	C	A	XM0009	A000001	客户9	区域A	60.00	6.00	120.00	60.00
1000010	A	A	B	XM0010	B000001	客户10	区域B	250.00	5.00	350.00	100.00
1000011	A	B	B	XM0011	B000001	客户11	区域B	350.00	5.00	400.00	50.00
1000012	A	C	B	XM0012	B000001	客户12	区域B	350.00	5.00	450.00	100.00
1000013	B	A	B	XM0013	B000001	客户13	区域B	660.00	6.00	840.00	180.00
1000014	B	B	B	XM0014	B000001	客户14	区域B	560.00	7.00	1,280.00	700.00
1000015	B	C	B	XM0015	B000001	客户15	区域B	630.00	7.00	1,190.00	560.00
1000016	C	A	B	XM0016	B000001	客户16	区域B	720.00	6.00	900.00	180.00
1000017	C	B	B	XM0017	B000001	客户17	区域B	350.00	5.00	400.00	50.00
1000018	C	C	B	XM0018	B000001	客户18	区域B	500.00	5.00	1,000.00	500.00

图 8-2　历史订单数据

为了得到一个科学、可执行的目标，市场部收集整理了一些关键信息来支持预测。首先是历史销售数据，过去的销售趋势和模式可以为未来销售提供有用洞察，历史数据包括季节性变化、长期增长趋势等；其次是市场需求，市场对产品的总体需求水平会直接影响销售，市场需求分析涉及目标客户群体、购买能力、消费习惯等。不仅如此，竞品的定价、促销策略、产品质量和市场份额等都可能影响公司产品的销售。

市场部设计出了一套在 SAP Analytics Cloud 落地的销售预测、调整、分析的数智化应用。销售预测方案实现原理如图 8-3 所示。

借助 SAP Analytics Cloud 的智能预测模型，并结合传统的 BI 数据分析模式与预测方案功能，市场部能快速地确定市场发展的走向。在 SAP Analytics Cloud 中，有分类、回归、时间序列预测 3 种模型可供选择，每个模型都有其对应的功能。在进行销售预测时，市场部通常从产品的视角去分析不同产品的需求、销量达成情况，因此往往选择分类预测模型。市场部可以使用 SAP Analytics Cloud 的训练功能结合分类预测模型进行预测，根据预测分析得出不同区域的不同供需趋势，再通过调整利润模拟，进一步得到想要的目标数据，最后把结果重新导入分析模型，再次拿预测值与实际值比较，得到误差数据。

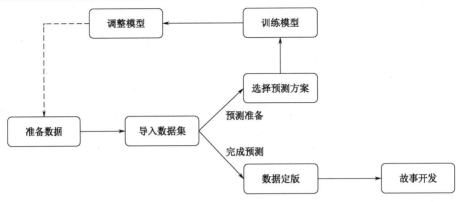

图 8-3　销售预测方案实现原理

市场部将预测后的结果和各销售人员上报的销售预测数据进行了整理，最终形成一版明细的销售目标预算，包含了各个销售渠道在各个产品线的销售目标，并且分解到了各月。销售预测模拟测算如图 8-4 所示。

图 8-4　销售预测模拟测算

销售预算数据确认后，生产部门随即据此开展了生产预算和采购预算的编制，人力资源部门同步编制薪酬预算方案，最后财务部结合各业务部门的预算数据编制财务预算，最终形成初版的预算方案。

8.2.2 预算方案的汇报和确认 ●●●●

董事会需要确保预算与公司的整体战略和长期目标一致，如果某个部门的预算偏离了公司的战略管理思路，那么董事会就要进行适当的干预和调整。另外，公司的资源有限，不同部门和项目可能会进行资源竞争，因此董事会需要确保资源分配与公司的优先事项和关键目标一致。

此外，董事会还要考虑债务、现金流以及利润等关键财务指标，综合考虑以对预算进行调整。董事会可以在 SAP Analytics Cloud 中基于初版预算数据直接在线完成调整并下达执行。

小草电器基于 SAP Analytics Cloud 的预算和预测功能搭建的这一套全面预算编制数智化应用，从根本上解决了预算目标制定和资源分配不合理的问题，使全面预算管理落到实处，真正发挥其正向牵引作用，助力企业战略目标达成。

8.3 业技融合打通企业经营管理闭环 ●●●●

小草电器的 CEO 认为，企业经营目标可以总结为：增效益、提效率、稳现金、控风险。其中效益是指企业单位资产创造价值的收益能力，产品竞争力越强，价格越高，成本控制得越好，利润就越高，效益也就越强。而利润背后的驱动因素是收入、成本、费用，想要提高利润，企业就要有较强的收入增长能力和成本控制能力。效率是指资产的周转速度，企业通过机器、厂房、设备等固定资产和应收、库存、现金等流动资产创造效益，资产周转的效率越高，价值创造的能力也就越强。现金流是企业的生命线，健康稳定的现金流是企业经营发展的基础，缩短现金周转周期、减少资金占用、加强回款、减少库存、保持经营性现金流正向流动等措施，能使企业拥有合理健康的现金流。

小草电器信息化部借助 SAP Analytics Cloud 打造了数字化经营分析平台，包含经营结果复盘及绩效评价、过程监控、偏差归因分析、风险预警等核心应用，能够覆盖企业"事前—事中—事后"完整的经营管理闭环。

以基于小草电器数字化经营分析平台的月度经营分析会应用为例，在一次月度经营分析会中，管理者通过经营分析驾驶舱，发现当月的销售情况出现了预警信号——销售目标不达标且仅完成 23%，如图 8-5 所示。

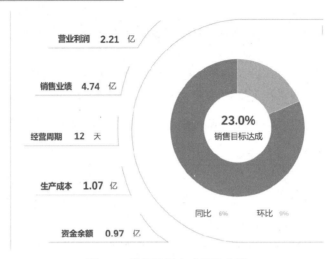

图 8-5　销售目标完成情况分析

　　管理者在线上分析当月销售业绩不达标的具体原因，顺着订单履行的思路，从当月新增订单达成率、历史出货率、本月出库率多方面进行洞察。在总览页面，明显能看到当月新增订单达成率和新增订单出库率对销售造成负面影响，如图 8-6 所示。

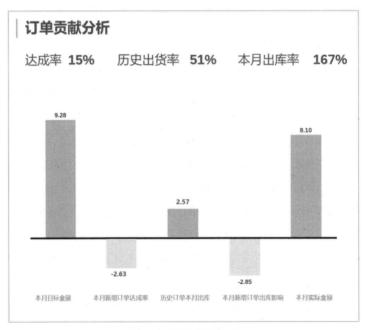

图 8-6　订单贡献分析

接下来利用 SAP Analytics Cloud 的下钻功能进一步从组织、客户等维度进行下钻分析，如图 8-7 所示。

图 8-7　销售达成分析页面

从第一个层面企业组织架构来看，利润偏差较大的华东大区本月订单出库率只有 40%，订单达成率只有 45%。从图 8-7 可以发现，订单的交付情况不仅在出库、转换率方面严重不达标，订单履行率也存在一些问题。那么未履行的订单的实际情况是怎样的呢？从第二个层面订单未履行的原因进一步分析，发现订单未履行的原因主要集中在销售、生产和配货 3 个方面，华东大区的订单未履行主要是出于销售原因。那么具体是哪些订单的哪些产品、具体的业务原因又是什么呢？我们可以下钻到第三个层面订单交付异常信息反馈表，定位到实际业务推进过程中订单未履行的具体产品上。

在订单明细分析中，管理者发现导致订单未履行的原因主要是客户信贷不足，以及客户未如期提货。基于这些信息，进一步明确了华东大区下阶段的重点工作是要解决这两个核心问题，以促成下一个经营周期的业绩达标，如图 8-8 所示。

订单交付异常信息反馈表

物料编码	描述	渠道	生产工厂	预计交付时间	交付异常原因	Account 需求数量
AP80GSLH9_A	物料A	A渠道	A生产基地	20230506	库存充足、客户信誉不足	60,350.00
AP80GSLH9_B	物料B	A渠道	A生产基地	20230506	库存充足、客户信誉不足	63,418.00
AP80YDLS1_A	物料F	A渠道	A生产基地	20230506	库存充足、客户信誉不足	44,681.00
AP80YDLS1_B	物料G	A渠道	A生产基地	20230506	库存充足、客户信誉不足	95,246.00
AP80YDLSQ9_A	物料C	A渠道	A生产基地	20230506	库存充足、客户信誉不足	88,252.00
AP80YDLSQ9_B	物料E	A渠道	A生产基地	20230506	库存充足、客户信誉不足	48,207.00
BFG801330_A	物料H	A渠道	A生产基地	20230506	库存充足、客户信誉不足	37,451.00
BFG801334_B	物料J	A渠道	A生产基地	20230529	库存充足、客户信誉不足	11,304.00
BFG801338_A	物料K	A渠道	A生产基地	20230529	库存充足、客户信誉不足	96,194.00
BFG801342_V	物料L	A渠道	A生产基地	20230529	库存充足、客户信誉不足	15,631.00
BFG801346_A	物料Q	A渠道	A生产基地	20230529	库存充足、客户信誉不足	75,810.00
BFG801350_B	物料W	A渠道	A生产基地	20230529	库存充足、客户信誉不足	4,694.00
BFG801354_A	物料T	A渠道	A生产基地	20230529	库存充足、客户信誉不足	53,431.00
BFG801358_B	物料R	A渠道	A生产基地	20230529	库存充足、客户信誉不足	71,250.00
BFG801362_A	物料Y	A渠道	A生产基地	20230529	库存充足、客户信誉不足	3,000.00
BFG801366_B	物料U	A渠道	A生产基地	20230607	库存充足、客户信誉不足	49,397.00
BFG801370_A	物料M	A渠道	A生产基地	20230607	库存充足、客户信誉不足	29,054.00
BFG801374_B	物料N	A渠道	A生产基地	20230607	库存充足、客户信誉不足	16,341.00
BG272635_A	物料H	A渠道	A生产基地	20230506	库存充足、客户信誉不足	24,432.00
BG272635_B	物料O	A渠道	A生产基地	20230506	库存充足、客户信誉不足	99,275.00

图 8-8　订单交付异常信息表

在上述案例中，基于 SAP Analytics Cloud 搭建的小草电器数字化经营分析平台，管理者运用因素分解，层层下钻，逐步分析，清晰地定位到了销售业绩不达标的根本原因，能够支撑小草电器管理层快速制定应对策略并监督落地执行，完成企业经营管理从发现问题、分析问题到解决问题的闭环。

8.4　产品盈利的专题突破 ●●●●

在全面预算管理的加持下，管理者持续地对企业经营进行洞察复盘，并进一步通过专题管理对产品盈利进行模拟测算，能够突破盈利瓶颈。盈利能力模拟模型如图 8-9 所示。盈利瓶颈专题突破的分析方法有很多，既可通过产品层面分析产品综合盈利影响因素，也可通过客户层面分析客户画像的盈利群体情况，或者通过市场层面分析对标渠道及品牌的竞争力，但更多的是通过运营层面中 S&OP 专题、产销研盈利专项等分析来实现企业运营内在提升。

小草电器通过"产销研盈利专项"研讨，结合 SAP Analytics Cloud 的优势打造企业"最后一公里"的专项闭环分析。管理团队通过预算管理和经营洞察定位利润未达标产品范围，进一步下钻确定具体的利润异常产品清单。生产、销售、研发部门通过"产销研盈利专项"联合会议，针对该异常利润产品的清单进行研讨，依照以下流程进行模拟分析。

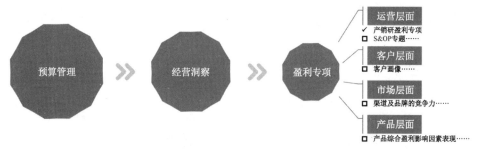

图 8-9 盈利能力模拟模型

"产销研盈利专项"模拟分析，依据"事前测算—事中执行—事后总结"的闭环管理理念，从单个或多个产品的角度分析生产、销售、研发过程中影响盈利的因素。首先，模拟销售价格；其次，调整生产或采购成本；最后，在会议上讨论出产品盈利的解决方案。小草电器的管理者根据方案进行持续跟踪，并周期性地对执行效果进行对比分析，最终通过数据跟踪、组织、推进和协调形成管理闭环，多方位为盈利管理提供数据支持及决策依据。

小草电器基于各部门管理诉求和盈利管理理念设计的闭环管理流程如图 8-10 所示。具体的分析体系如下。

（1）事前测算——框定异常盈利产品并进行模拟测算分析。

（2）事中执行——异常盈利产品变化过程跟踪。

（3）事中执行——执行人员情况分析。

（4）事后总结——产品产销研异常归因分析。

（5）事后总结——产品毛利率目标偏差分析。

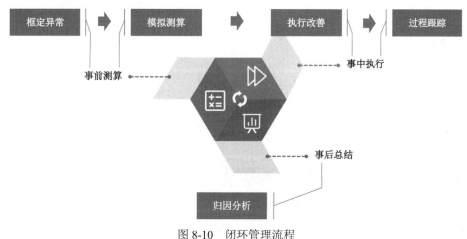

图 8-10 闭环管理流程

在事前测算阶段，基于产品价格成本进行测算分析。通过事前框定毛利率异常的产品，测算调整销售价格、模拟生产等成本（如图 8-11 所示），从而计算出最新的毛利率，以在采购成本变动时，为快速响应市场提供决策依据。

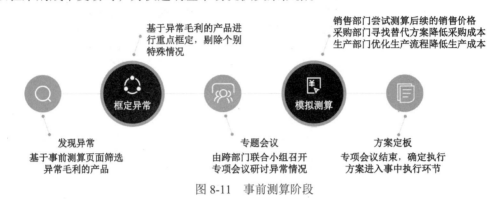

图 8-11　事前测算阶段

通过上述"事前测算——框定异常盈利产品模拟测算分析"页面筛选，管理者发现智能电饭煲的盈利情况表现不佳。在"产销研盈利专项"会议上，销售部门提出，由于多次市场行情变动，智能电饭煲价格定位低于市场，可以尝试调高 10% 的销售价格；采购部门提出，国外进口芯片涨价，已经找到国产替代方案，可以降低 3% 的采购成本。经过共同探讨测算，各部门发现，智能电饭煲有希望能有更好的盈利表现，并把本轮讨论的内容形成"方案 1"进入执行阶段。

在事中执行阶段，实现价格成本"最新情况""测算版本"与"过去版本"3 个版本数据差异的监控分析（如图 8-12 所示），并周期性追踪价格成本优化策略是否落地到位。"最新情况"展示的是最新实时计算的毛利数据，"测算版本"展示事前测算过程中调整后希望达到的目标毛利数据，"过去版本"展示调整测算那一刻当时发生的毛利数据。事中管控及后续跟进，有助于加强不同部门之间的协作，从事前测算阶段过渡到各个部门之间紧密合作的事中执行阶段，这将真正实现提高毛利率的目标。

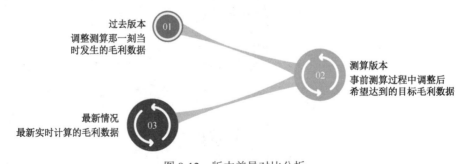

图 8-12　版本差异对比分析

小草电器通过上述"事中执行——异常盈利产品变化过程跟踪"功能，定期跟踪智能电饭煲"方案1"执行情况。"方案1"逐步落实执行，在最初未能使毛利率快速提升。但在方案持续推进的过程中，智能电饭煲毛利率提升了1%。一段时间后，生产部门工艺改进的降本策略逐步生效，所有产品的毛利率平均提升了0.3%。通过定期召开"产销研盈利专项"会议，确认"方案1"执行有效，对智能电饭煲产品的扭亏为盈发挥了至关重要的作用。

在事后总结阶段，在月末结账完毕后，分析每月毛利率环比提升情况。通过总结分析，解决部门间合作中出现的问题，最终达成持续地降低成本和提升效率的管理目标。基于企业的管理诉求及数据成熟度情况，企业管理者可以将盈利因素进一步细化拆解至销售价格、原料成本、人工成本、制造费用，以实现更精细化的管理，如图8-13所示。

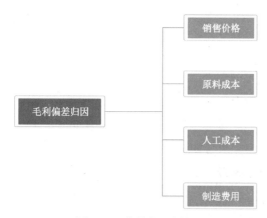

图 8-13　偏差归因拆解

小草电器通过产品盈利分析补充了战略规划、经营洞察的最后一个专题分析环节。小草电器通过企业战略预算滚动管理，持续经营分析监控复盘，最终层层细化实现产品盈利瓶颈突破。"产销研盈利专项"的产品粒度盈利能力分析，除了需要业务分析方案，还需要企业数据资产作为基座。小草电器打造盈利管理全数据链条分析平台，对接ERP、PLM、CRM、MES等系统。各系统中的数据为盈利管理提供业务架构和方向，最终达到打破部门壁垒的目标，实现产销研一体化，并且能及时识别内部经营改善机会，协同合作创造更大的价值。

8.5 数字化转型新格局 ●●●●

小草电器首席信息官（Chief Information Officer，CIO）兼首席数字官在"小草电器数字化转型年度总结大会"上总结了小草电器进行数字化转型的工作成果。

（1）依托于 SAP S/4HANA 的全面推广应用，以及自研的 SRM、CRM、OA 等系统的成功上线，实现了所有核心业务流程均有系统支撑，所有核心业务单据都被录入到相应的系统中并得到管理，完成了数字化转型的第一步"业务在线"。

（2）基于 SAP BW/4HANA 构建数据仓库，在数据的集成、管理和应用等方面为企业经营提供了全面支持，实现了数字化转型的第二步"数据在线"。

（3）引入云分析平台 SAP Analytics Cloud，初步打造了全面预算管理、企业经营分析、产品盈利能力管理三大核心应用场景，从"预见、看见、洞见"3 个层面全方位优化企业经营管理。

"预见"即基于预测算法和模型，企业经营管理者可以预见未来，同时利用沙盘测算最优解决方案，让企业管理消除"模糊决策"，真正做到"谋定而后动"，帮助小草电器真正科学地开展全面预算管理工作。SAP Analytics Cloud 采用了先进的机器学习和统计算法，可以自动发现数据中蕴含的模式和趋势，为企业未来的业务发展提供精确预测，并且提供了可视化的操作界面，使得非技术用户也可以轻松创建和管理预测模型。

"看见"即基于提炼的核心经营管控指标，对经营结果进行周期性回顾，发现偏差，同时构建体系化业务洞察专题，运用因素分解层层下钻、逐步分析，从业务角度对经营结果偏差进行归因；在经营过程中基于目标达成关键业务逻辑，构建日常监控数字化体系，及时发现目标偏差，并通过搭建目标模型预警体系，结合移动应用实现风险及异常自动推送触达，由过去"人找数据"模式转变为"数据找人"，将数智化应用推进问题改善的时间点由事后前移至事中。

"看见"真正做到了以数+据和模型为基础构建"业财一体化"经营管理分析体系，支撑管理层快速制定应对策略并落地执行，完成企业经营从发现问题、分析问题到解决问题的管理闭环。SAP Analytics Cloud 提供了丰富的可视化工具，使得数据分析和模拟变得直观、便利，也可以将分析内容嵌入其他业务应用和工作流程中，使得分析成为日常决策的一部分，其强大的数据源实时连接，也确保了数据的及时性和准确性。

"洞见"即为解决小草电器部分产品的盈利能力不足问题，构建事前预测模拟、事中监控预警、事后复盘分析的产品获利能力分析模型及应用，帮助小草电器提前发现盈利能力不足的产品，并有针对性地调整经营策略。同时，在过程中进行监控预警，保证既定策略能够真正落地执行。最后，展开系统性的复盘分析，及时总结经验和教训，从根本上消除产品负毛利或者低毛利的问题。SAP Analytics Cloud 提供了灵活的计划、预算及预警监控等功能，可以自定义 KPI、计算逻辑和工作流程，可以轻松创建和比较不同版本的计划和预算，以支持不同的业务场景和假设分析。

"预见、看见、洞见" 3 个层面数据应用的构建，帮助小草电器实现了数字化转型的第三步"分析与管理决策在线"。SAP Analytics Cloud 通过结合预测、计划和商务智能的功能，为小草电器提供了全面的数据应用解决方案和平台支持。其智能、集成和易用的特性使得不同层级的用户都能从数据中获得有价值的洞见，从而实现数据驱动决策和创新。

小草电器已全面进入数字化转型的新阶段，后续将逐步引入数据治理、数据资产管理，以形成一体化推进格局，打造全新的数字化核心竞争力，实现高质量发展，最终实现成为行业一流企业的愿景目标。

反侵权盗版声明

电子工业出版社依法对本作品享有专有出版权。任何未经权利人书面许可，复制、销售或通过信息网络传播本作品的行为；歪曲、篡改、剽窃本作品的行为，均违反《中华人民共和国著作权法》，其行为人应承担相应的民事责任和行政责任，构成犯罪的，将被依法追究刑事责任。

为了维护市场秩序，保护权利人的合法权益，我社将依法查处和打击侵权盗版的单位和个人。欢迎社会各界人士积极举报侵权盗版行为，本社将奖励举报有功人员，并保证举报人的信息不被泄露。

举报电话：（010）88254396；（010）88258888

传　　真：（010）88254397

E-mail：　dbqq@phei.com.cn

通信地址：北京市万寿路 173 信箱

　　　　　电子工业出版社总编办公室

邮　　编：100036